論語與算盤

改變近代日本命運的商業聖經

論語と算盤

07

澀澤榮一

Shibusawa Eiichi

編者的話

近來《論語與算盤》在日本重新受到注目，意外地是多虧了日本棒球界。由於媒體報導日本職棒的總教練將這本書當成人生指南推薦給旗下新人，目前在美國職棒表現活躍的日籍球員亦曾熟讀此書，因而引起廣泛討論，同時也印證了澀澤榮一思想不分業界領域的啟發性。澀澤榮一的一生從倒幕起，到幕臣終；從攘夷起，到師夷終，其志向雖然一度改變，但志氣始終堅定，為造福國家社會不遺餘力，以誠相待的處世精神確實值得所有人學習。本作雖成書於一九一六年，書中所闡述的道理在百年後的今日卻依然通用，讀來歷久彌新，實為一部傳世佳作。期待本書也能對讀者有所啟發，發揮鑑往知來、修身養性的作用。

我認為在談及企業經營管理之社會責任問題的歷史人物當中，沒有誰比開創了明治輝煌年代的澀澤榮一更勝一籌；他比任何人都更早發現，經營管理的本質就是責任。

——現代管理學之父　彼得・杜拉克（Peter F. Drucker, 1909-2005）

澀澤榮一以時代的需求為自己的需求，以時代的作為為自己的作為，以時代的志望為自己的志望……因此他雖然出生澀澤家，卻是時代之子，由時代所造。

——日本文豪、《澀澤榮一傳》作者　幸田露伴（一八六七—一九四七）

凡例

本書題名《論語與算盤》絲毫沒有賣弄求異、迎合世人的意圖，命名乃是根據下列的理由。

本書收錄的主要是我國實業界的一大權威，尤其是相當於財界恩人的澀澤子爵於明治初年所發出的感慨。澀澤子爵辭官下野，幡然投身實業界之時，以孔子之教誨為信條，之後四十餘年提倡並實踐論語與算盤必有相通之處，或是必須使其相通。換言之，他主張「仁義和殖利」在根本上並非格格不入，也是他以身垂範，且大力鼓吹之精髓。

著書原本並非子爵的志向，雖說無須再度言及，然而有鑑於現今認為「道義與金錢」有如方柄圓鑿般不相容的謬誤不少，為警醒迷夢，在此提供偉人的訓示，特別獲得允諾，蒐集編纂此書。

書中編纂之內容，無關子爵於何時何處所說，只要是應事接物的訓示，作為一本著作，雖說應該有秩序系統地編排、減少重複，然重複代表仔細反覆之意，意味著對於該事項必須特別注意。

書中雖然劃分章節，但並非每段訓示之全部，而是捃摭崑山片玉，方便讀者翻閱，而由編者類推區分而成。

關於本書的編纂方式，資料皆出自《龍門雜誌》，在此明記，釐清責任。

本書刊行之際，子爵門下的龍門社*幹事八十島親德氏雖然公私要務繁忙，仍一再割愛寶貴的時間，給予懇篤之幫助與方便。在此特別明謝。

編者識

※ 此凡例出自昭和二年（一九二七）由東京忠誠堂發行之版本。

※ 龍門社是明治二十年（一八八七）左右，由仰慕澀澤榮一的經營者和管理者等所創立的組織，發行機構月刊〈龍門雜誌〉。據說澀澤榮一透過這個組織培育企業經營的新領導者。

格言五則

言行君子之樞機。樞機之發，榮辱之主。（《易經．繫辭上》）

（語譯）言行是君子立身處世的關鍵。樞機一動，便決定了個人的榮辱。

發言盈庭，誰敢執其咎。（《詩經．小雅．小旻》）

（語譯）眾人聚在一起議論紛紛，卻沒有人願意為錯誤負責。

言不務多。而務審其所謂。（《大戴禮記．哀公問五義》）

（語譯）話不是越多越好，而是務求審慎對待自己所言。

聲無小而不聞，行無隱而不形。（《說苑．談叢》）

（語譯）傑出之人不會因為聲音小就不被聽見，其行就算低調也必會顯現。

志意修，則驕富貴，道義重，則輕王公。（《荀子．修身》）

（語譯）意志堅定就能傲視富貴與地位，看重道義則能蔑視王侯。

目次

立志與學問

常識與習慣

仁義與富貴

理想與迷信

人格與修養

教育與情誼

成敗與命運

格言五則

處世與信條

論語與算盤，遠在天邊，近在咫尺

當今論道德，最重要的可說是孔子的門人就其言行所編纂的《論語》。讀過《論語》者雖多，卻很少有人知道《論語》其實也是算盤。雖然兩者風馬牛不相及，相距甚遠，但我始終認為，算盤是依靠《論語》才能成立，而《論語》也要依靠算盤才能從事真正的致富活動。因此，《論語》與算盤遠在天邊近在咫尺，這一點是我始終強調的。在我滿七十歲的時候，朋友繪製了一幅畫帖給我；畫帖的中央是《論語》的書和算盤，另一邊則畫著「絲絨帽」和大小朱鞘。

有一天，學者三島毅[1]先生來到我家，他看到這幅畫帖說道：「太有意思了。我是讀《論語》的人，你是鑽研算盤的人。拿著算盤的人都如此認真讀書，我這個讀《論語》的人也必須研究算盤，一起努力盡量讓《論語》和算盤的關係更加密切。」之後他寫了一篇關於《論語》與算盤的文章，舉出各種例證，說明道理與事實和利益必然一致。我常認為，凡事都要具備強大謀求利益的欲望，否則很難有所進展。僅追求空論、愛慕虛榮的國民絕不可能成就真理的發展。因此，我希望政治界和軍事界不要過於跋扈，而實業界能夠盡力而為，這才是所謂增產殖利的使命。假使無法確實做到，則國家不會富庶。若說到何謂致富的根源，即以仁義道德為本；如果不是來自正確道理的財富，則無法完全永續。我認為拉近《論語》和算盤的距離，正是現今的緊要任務。

士魂商才

以前，菅原道真[2]曾提倡「和魂漢才」，我認為這非常有趣。相對於此，我經常提倡的是「士魂商才」。和魂漢才指的是日本人必須具備日本特有的日本精神，但支那[3]歷史悠久，文明開化較早，又有如孔子、孟子等聖賢，在政治和文學方面亦優於日本。此外，「和魂漢才」也包含必須修得漢土的文化和學問，培養才藝之意；雖然也有其他許多關於漢土文化和學問的書籍，但當中又以記錄孔子言行的《論語》為中心。此外還有《尚書》、《詩經》、《周禮》、《儀禮》等記述禹、湯、文、武、周公事蹟的經典，不過相傳皆是由孔子編纂，因此說到漢學即是孔子之學，以孔子為中心。記錄了孔子言行的《論語》，菅原道真也非常喜愛誦讀。據說菅原道真曾抄寫於應神天皇時代由百濟王仁奉上的《論語》和《千字文》獻給伊勢神廟，現存於世的就是這個版本的《菅本論語》。

士魂商才的意義亦同，立足於人世當然應該具備武士的精神，但若僅偏重武士精神而缺乏商才，則會在經濟方面自取滅亡。因此，除了士魂之外也要具備商才。想要培養士魂，固然可以從書籍當中獲益良多，但我認為《論語》最能培養士魂的根基。道德類的經典看似與商才毫無關係，但商才原本也是以道德為根基，偏離道德的商才亦即不道德、欺瞞、浮華、輕佻，是所謂賣弄聰明滑頭，絕非真正的商才。既然商才離不開道德，那麼就需要靠論述道德的《論語》培養。此外，做人處世之道雖然十分艱難，但若能熟讀《論語》，便能有許多領悟。因此，我一生尊信孔子的教誨，同時更以《論語》為金科玉律，不離左右。

我國亦有許多賢人豪傑。當中最擅長作戰，且深諳處世之道的人莫過於德川家康。正因為他深諳處世之道，才得以讓眾多英雄豪傑信服，開創十五代的霸業，使二百餘年間，人們得以高枕無憂，實在偉大。深諳此道的德川家康留下了種種訓言，著名的《神君遺訓》，便充分告訴我們這番道理。我曾對照《神君遺訓》與《論語》，發現許多相符之處，可見《神君遺訓》大部分出自於《論語》。例如「人的一生猶如負重擔而行遠道」，與《論語》中曾子所說的「士不可以不弘毅，任重而道遠。仁以為己任，不亦重乎？死而後已，不亦遠乎？」不謀而合。

此外，「責己不責人」是汲取「己欲立而立人，己欲達而達人」的意思；而「不及猶勝於過」則與孔子所說的「過猶不及」一致；「忍耐為無事長久之基，視憤怒為敵」即「克己復禮」之意；「人當有自知之明，如草葉上的露水，重則落」，則是在說要安分守己。至於「常思有所缺，則無不足；若心生欲望，則當思窮困之時」、「知勝而不知負，則害將至其身」，在《論語》各章也均有提及同樣含意的話語。

因此，德川家康之所以深諳處世之道，並能開創二百餘年的豐功偉業，可說從《論語》受益良多。

世人多認為漢學肯定禪讓討伐，因此與日本國體不合，可謂是只知其一不知其二。從孔子所說的「謂韶，盡善矣，又盡美也。謂武，盡美矣，未盡善也」可知，韶樂所述的是堯舜之事，堯是因欣賞舜之美德而讓位，因此歌詠此事的韶樂達到盡善美；而武樂所述的是武王之事，就算武王有德，但他以兵力發動革命登基，因此武樂無法達到盡善的境界。從中可以充分看出，孔子不樂見革命。在對人做出評論的時候，必須考慮其時代背景；孔子是周代的人，因此無法露骨地批判周代的缺點，只能委婉地說盡美而未盡善。很可惜，孔子未曾見過如日本這般萬世一系的國體，亦無所知；若孔子生於日本，或曾來到日本見識我國萬世一系的國體，不知會發出如何的讚嘆？他想必會展現出超越聞韶後對於盡善的讚賞和尊敬之意。世人論孔子之學，首先必須充分探討孔子的精神，若缺乏洞察真意的銳利眼光，恐怕會淪於表面皮相。

因此我認為，為了避免處世之道誤入歧途，必須先熟讀《論語》。隨著現今社會的進步，歐美各國傳來許多新的學說，然而這些新學說在我們看來仍然是舊的東西，許多皆與東洋數千年前所謂相同，不過是換了更好的措辭罷了。研究歐美各國日新月異的新知有其必要，但也不可忘記東洋自古以來的傳統當中，亦有許多不可捨棄的寶物。

天不罰人

孔子曾說：「獲罪於天，無所禱也。」這句話中的「天」，指的究竟是什麼呢？我認為，「天」指的是天命，孔子在言及「天」的時候，想必用的也是天命的概念。

人存活於世乃是天命。草木有草木的天命，鳥獸有鳥獸的天命，此乃上天安排的顯現。同樣為人，有些人賣酒，有些人賣餅。無論是聖人或賢人都必須服從天命，因此即便是堯，也不能令其子丹朱繼承帝位；即使是舜，也不能令太子商均繼位。這些皆是天命，而非人力所能左右。草木終歸是草木，無法成為鳥獸，鳥獸也終歸是鳥獸，無法成為草木。由此可以顯而易見地看出，人必須遵照天命行事。

因此我認為，孔子所說的「獲罪於天」，指的是做出不合理的舉動或不自然的行為。一旦這麼做，必然會為自身招來惡果。到時候即便想要推卸責任，但這原本就是自己做出不合理或不自然行為所招致的報應，當然無法向他人追究責任，此即「無所禱」之意。

孔子於《論語・陽貨篇》說道：「天何言哉？四時行焉，百物生焉，天何言哉？」孟子在《萬章章句上》說道：「天不言，以行與事示之而已矣」。人若做出不合理的舉動或不自然的行為獲罪於天，上天雖然不會出言責罰，但此人會因周圍的事情感到痛苦，這就是天譴。即使想要逃脫，也絕無可能。正如四季自然流動，天地萬物生長一般，天命亦運行於人的身上。因此，如孔子於《中庸》開頭所言：「天命之謂性。」無論人如何向神佛祈禱，只要做出不合理或不自然的行為，因果報應必會降臨，無所遁逃。唯有順著自然的大道行走，不做出絲毫不合理的行為，內省不疚，才能如孔子所說「天生德於予，桓魋其如予何？」由此產生自信，進而達到真正的安心立命。

觀察人物的方法

佐藤一齋[4]先生認為，根據第一印象判斷對方是一個什麼樣的人，是最正確無誤的人物觀察法。佐藤先生甚至在其著作《言志錄》當中寫道：「初見相人多無誤。」如其所言，第一次見面的時候只要仔細觀察對方，多半不會出錯，反而是多次相處後的觀察由於思慮過多，容易失準。初次見面時對方帶來的感受沒有夾雜各種道理與情感，極為純粹；即便對方有所掩飾，如此的掩飾也會在最初見面的時候確實反映在我們心中的明鏡上。然而多次見面後，則容易聽取他人不切實際的流言蜚語，或是自找理由，受到情況的牽制而思慮過度，以致對人物作出錯誤的觀察。

孟子曰：「存乎人者，莫良於眸子；眸子不能掩其惡。胸中正，則眸子瞭焉；胸中不正，則眸子眊焉。」這說明孟子一派的人物觀察法是根據對方的眼睛來判斷。心若不正，則眼神混濁；心若正，則眼神瞭然清澈，以此判別對方的人格。這種人物觀察法非常準確，只要仔細觀察人的眼睛，就可以知道其人的善惡正邪。

《論語》有言：「子曰，視其所以，觀其所由，察其所安，人焉瘦哉。」佐藤先生以第一印象判斷與孟子觀察眼睛視人的觀察法皆為相當簡易快速的方法，不會出大錯，能夠正確地辨別一個人。然而，若想要真正了解一個人，兩種方法皆有不足之處，如《論語·為政篇》的章句，必須從視、觀、察三方面識別，此乃孔子的遺訓。

「視」與「觀」在日語的讀法雖相同，但「視」單從肉眼看外表，「觀」則是比外表更進一步，不僅是肉眼，更要打開心眼去看，此即孔子在《論語》當中所敘述的人物觀察法。首先要觀察一個人外在行為所顯現的善惡，並審視其行為的動機，進一步了解其人安心於何處，又以什麼為滿足生活。如此一來，則必能知曉其人真正的面目，無論當事人如何隱藏也是徒勞。就算外在行為端正，但動機若不正確，那麼絕不能說他是一個正直的人，有時未必不敢為惡；又或者外在顯現的行為端正且動機正當，但安於飽食暖衣逸居，則有可能受到誘惑而犯下意外之惡。因此，行為、動機、滿足若不能三者皆端正，就稱不上是一個徹頭徹尾、永遠端正的人。

《論語》乃萬人通用的實用訓誨

明治六年（一八七三年），我辭官進入盼望多年的實業界，從此與《論語》建立了特別的關係。在從商之初，我突然有感今後處世不得不錙銖必較，因而開始思考該如何維持自己的志向。這時我想起了之前學過的《論語》。《論語》講述的是修身待人的日常之道，是缺點最少的訓誨。我開始思考是否能用《論語》經商？在我看來，只要遵照《論語》的訓誨經商，必能獲利。

正當此時，名為玉乃（世履）的岩國人，即後來的大審院長，他精通書法文章，個性極為認真，在眾多官員當中，我和玉乃都被認為算是個循吏。為官時我們非常親近，亦同時升官，擔任勅任官[5]。我們共同懷抱將來成為國務大臣的夢想，如今聽聞我突然辭官成為商人，深感痛惜，覺得一定要阻止我。我當時擔任井上（馨）先生的次官，井上先生因官制問題與內閣意見相左，在一陣激烈爭論後退出政壇。由於我與井上先生一起辭職，故顯得我也是因為與內閣不和而辭官。當然我與井上先生同樣與內閣意見分歧，但辭職並不是因為爭吵，而是另有原因。當時我國無論在政治或教育方面，都有逐步改善的必要；然而，日本在商業方面卻最為不振。若商業低迷，則無法增進日本的國富。我認為在發展其他方面的同時，也必須想盡辦法振興商業。當時的觀念尚且認為經商不需要學問，精通學問反而有害。俗話說「富不過三代」，第三代正是最危險的時代。因此我雖自知不才，依舊下定決心成為商人，要用學問謀取利益。然而，玉乃雖為吾友，卻未能理解我的想法，誤以為我是因為與內閣不和才辭職，對我嚴加責備。他向我提出忠告：「你不久之後就會成為長官，成為大臣，我們為官者就應該為國家奉獻。但你卻被卑賤的金錢迷惑了雙眼，辭官經商，著實令人震驚。過去沒想到你竟然是這樣的人。」當時我引用《論語》大力辯駁，並說服了玉乃。我舉例趙普以半部《論語》為相治國，半部《論語》即可修身，並表明我一生都將信奉《論語》。我還說道：「賺取金錢有何卑賤？如你這般鄙視金錢，則國家無以為立。官高爵顯並沒有那麼尊貴，到處都有人們應該辛勤去做的尊貴工作，而不是只有當官。」我引用《論語》加以反駁並說服他。我認為《論語》是最沒有瑕疵的訓誨，因而下定決心以《論語》為標準，以經商為畢生志業。這是明治六年（一八七三）五月的事。

之後，我勢必要卯足了勁研讀《論語》，於是聽了中村敬宇[6]先生和信夫恕軒[7]先生的講學，卻因兩人過於忙碌而未能完成學業，最近則又請託於大學任教的宇野先生，重新開始聽講。課程內容主要以學生為取向，但我從不缺席，提出各種疑問，對於內容釋義也提出自己的意見。課程非常有趣且受益匪淺，宇野先生逐章講解，大家一同思考，等到所有人真的了解之後才進入下一章。雖然進度緩慢，但能夠透徹理解內容意義，孩子們也覺得趣味盎然。

至今為止我跟隨過五個人學習《論語》，但因為並非學術性研究，有時也會不解深意。例如《論語．泰伯篇》的「邦有道，貧且賤焉，恥也。邦無道，富且貴焉，恥也」，直到現在我才終於了解其意義深遠。近來由於詳細鑽研《論語》，我因此領悟了許多道理。《論語》絕非困難的學理，也並非閱讀艱澀讀物的學者才能領會的學問。《論語》的訓誨對社會廣泛有效，原本非常淺顯易懂，卻因為學者讓其變得晦澀，成為對於農工商而言遙不可及的學問，實為一大錯誤。

這樣的學者就好像是囉嗦的守門人，以為你對孔子而言是個障礙。依賴這樣的守門人是無法見到孔子的。孔子絕非難以親近，而是格外通情達理，無論是商人或農人，他都非常願意教導，傳授的道理更是實用且淺白。

等待時機的訣竅

出生為人，尤其在青年時代，如若擁有凡事避免紛爭的卑怯秉性，則不可能進步，也沒有發達的希望。我們都知道，社會的發展有賴於競爭，但在不刻意避免競爭的同時，耐心等待時機到來也是必備的處世之道。

該爭就要爭，這是根據我大半生的經驗所得到的一點領悟，直至今日也不例外。年少時我也曾想過，是否不要過度與人相爭。因為我發現，儘管世間之事原以為種什麼因就會得什麼果，但以某件事情為前因而產生的某種結果卻有可能因為突發因素改變情勢，無論如何力爭，就算是因果關係也無法阻止這番變化，在一定時機到來之前都非人力所能扭轉。因此，人處在這個世上，必須觀望行事，耐心等待時機到來，這一點絕對不可忘記。但若有人扭曲正理，背信棄義，則必須斷然據理力爭。以此奉勸各位青年子弟的同時，對於沉著等待時機到來所需要的耐心，也希望諸位務必思考再三。

我對於日本今日的現狀，並非沒有幾分想要極力爭取的念頭。尤其日本現狀當中最令我感到遺憾的，是依舊抱有官尊民卑的觀念。只要是為官者，無論行徑有多惡劣，大部分都不會被追究。當然也有人引起社會非議，受到法律制裁或被迫下台，但相較於胡作非為的官員總數，卻猶如九牛一毛、滄海一粟。某種程度上說是在默許官員為非作歹也不為過。

反之，一般平民的行為只要稍有不妥，立刻會遭人揭發，身陷牢獄之災。如果說所有為非作歹之人都應該受到懲罰，則朝野之間不應有所差別，對其中一方寬鬆，卻對另一方嚴格。若酌情能夠網開一面，則無論是平民或是官員都應該比照辦理；然而，日本現今依舊是官民有別，處置的寬嚴程度有異。

此外，一般民眾無論對國家的發展做出多大的貢獻，其功績也不容易獲得官方承認。反之，官員只要有寸功，立刻就能獲得認同與恩賞。這些雖然都是我今日希望力爭改變的目標，但我認為再怎麼努力，直到特定時機來臨之前，終究很難扭轉情勢。因此，眼下我僅止於偶爾發出不平之鳴，不刻意爭取，等待時機的到來。

人當平等

用人者經常把洞察才能的適性以及適才適所掛在嘴邊，但這也時常是遭到批評之所在。此外，將適當人才置於合適位置的背後，往往伴隨著權謀考量。若想要擴張自己的權勢，最重要的便是適才適所，一步步循序漸進地扶植自己的勢力，穩定地鞏固立足的根基。一旦做好這些功夫，最終可以建立自成一派的權勢，無論在政界或企業界，乃至於社會各處，都能展現不可動搖的霸者權威。然而，這樣的做法絕非我所願學。

放眼我國古今，沒有任何權術家比德川家康更善於巧妙地適用人才，擴張自己的勢力。為了加強居城江戶的戒備，他任用受到自己眷顧的黨羽鞏固關東，又令大久保相模守[8]駐守小田原，以便控制箱根的關隘；同時，他命俗稱御三家[9]的水戶家掌控東國的門戶，尾州家控制東海的要衝，紀州家戒備畿內後方，且將井伊掃部頭[10]安置於彥根鎮守平安王城，人物的配置實屬高明。其他如越後的榊原、會津的保科、出羽的酒井、伊賀的藤堂，不僅中國[11]、九州地區，日本國內各處要地皆安排自家勢力坐鎮。這使得大名們綁手綁腳無法自由發揮，成功建立起德川家三百年的社稷。我無意批評德川家康以這種方式建立的霸權是否適合日本國體，但他講求適才適所的手腕在我國古今歷史當中，可謂無人能與之匹敵。

在適才適所方面，我費盡心思希望仿效德川家康的智慧，但目的與其完全不同。我自始至終以真心對待與我共事之人，絲毫沒有利用他人建構自家勢力的私心，單純地希望將適當的人才安置於合適的位置。適才在適所做出一點成績，原本就是此人貢獻國家社會之道，也是我貢獻國家社會之道。我秉持這樣的信念等待合適的人物出現，絕不會用權謀的色彩侮辱他人，或是將他人當作是手中的棋子利用，這是一種罪過。畢竟活動的天地必須自由，我衷心地期望，如果認為我打造的舞台過於狹小，就應該立刻與我分道揚鑣，登上更加自由自在的寬闊舞台，放開手腳盡情發揮。就算有人因為我有一點長才而自願屈就於我，我也不會因其能力不足而加以輕視。人必須平等，且必須是有節制和禮讓的平等。人以德待我，我也以德待人。畢竟人生在世應當相互扶持，我努力做到彼此不驕、不侮，互相幫助，無一絲乖違背離之事。

可否相爭？

有一套說法認為，人在世上要完全排除爭執，無論什麼情況，都不應該針鋒相對。亦有俗話說：「有人打你的右臉，把左臉也轉過來給他打。」由此看來，與他人相爭在處世上究竟有益？抑或是無益？面對這個實際的問題，意見想必因人而異；若有人認為不該排除爭鬥，也一定有人認為應該與世無爭。

依我一己之見，爭執絕非加以排斥之物，我甚至相信這是必要的處世之道。儘管世間有人批評我過於圓滑，但我只是不做無謂的爭鬥，而非如社會大眾所想，是一個以避免相爭為處世原則的完滿之人。

孟子於《告子章句》中說道：「無敵國外患者，國恆亡。」誠如所言，若國家期望健全的發展，那麼無論是工商業、學術技藝或者外交，無時無刻都必須擁有與外國競爭且必勝的決心。不僅是國家，個人若沒有隨時面對周遭的敵人也要與之相爭並得勝的意志，就絕無進步之可能。

引領輔導後進的前輩大致可以分成兩種類型。其一是無論何事都對後進非常溫和親切的人，絕對不會苛責後進，始終都以誠懇親切的態度加以引導，更不曾做出與後進為敵的舉動，就算有任何的缺失，也不惜與後進站在同一陣線，以維護後進為最大的前提。這種前輩非常受到後進的信任，有如慈母一般受到仰慕；然而，這樣的前輩對於後進真的有所助益嗎？對此我稍感懷疑。

另一種類型則完全相反，無時無刻都以對待敵人的態度對待後進，以抓後進的小辮子為樂，只要稍有缺點，則立刻暴跳如雷、嚴厲訓斥，把對方罵得體無完膚。一旦後進出了差錯，便會不顧一切地苛責痛罵。這種表面上態度嚴酷的前輩，往往受到後進的怨恨，在後進之間缺少人望，但這樣的前輩對於後進真的毫無益處嗎？這一點我尤其希望青年子弟們能夠深思。

無論有什麼樣的缺點或失誤都願意加以維護的前輩，如此誠懇親切的態度當然值得感謝，但如果僅止於此，卻會頓挫後進奮發向上的心；「反正就算失誤，前輩也會原諒我。」更甚者會認為，就算失誤也有前輩幫忙挽救，所以根本沒有必要擔心。如此漫不經心的態度在行事時會缺乏嚴謹的考量，培養出躁進的後進，同時削弱其積極進取之心。

反之，如果上面是嚴厲申斥、隨時想著找後進麻煩的前輩，則下面的人便一刻都不得鬆懈，想著一舉一動都不能讓人有機可乘，隨時注意不讓前輩抓到小辮子，因此自然會注意品行，不敢逾矩怠惰。特別是擅長找碴的前輩會苛責後進的缺失，責罵嘲諷還不滿足，甚至牽扯其父母、出言不遜，說出「上梁不正下梁歪」這樣的話。於是，有這種前輩的後進便會意識到一旦失誤，不僅無法再次於世間立足，甚至會辱沒父母之名，成為一家的恥辱，故無論如何也要奮發向上。

大丈夫的試金石

真正的逆境指的是什麼情況呢？下面試舉一個實際的例子說明。一般來說，世上通常應該一切順利、風平浪靜，然而有如水面會生波、長空會起風一般，再怎麼平靜的國家社會，也無法斷言絕對不會發生革命或動亂。與平穩無事的時候相比，這明顯屬於逆境，恰巧出生於如此動亂時代的人，不幸被捲入這般漩渦，不正是處於真正的逆境當中嗎？如果是這樣的話，那麼我也是經歷過逆境的其中一人。我出生於明治維新前後最動盪不安的時代，遭遇各種變化直至今日。回想起來，在社會發生這般巨大變化的時候，無論是何種智者或勤學之人，都無法選擇是否要面對意外來襲的逆境或順境。實際上，我當初主張尊王討幕和攘夷鎖港，為此東奔西走，但之後成為一橋家的家臣、幕府的臣下，隨民部公子[12]前往法國；回國時，幕府已經衰亡，世間回歸王政。面對期間的變化，自己的智慧也許有所不足，但在努力學習這一方面，我自認拚盡全力。然而，遇上了社會的變遷和政體的革新，我無能為力，成了真正處於逆境之人。直到今日我還清楚記得在當時最困難的事。那時陷入困境的不只我一人，許多優秀的人才無疑都與我有相同的境遇，畢竟這是遭逢巨大變化時無法避免的結果；縱使沒有這般巨大波瀾，但隨著時代的變化，人生當中難免會有波折，隨時都有人被捲入逆境的漩渦當中，因此無法斷言世上絕無逆境。人在面對順逆之時，應仔細探究其由來，辨別究竟是人為的逆境，或是自然的逆境，進而謀求應對之策。

自然的逆境是大丈夫的試金石，那麼身處逆境時又該如何面對？平凡如我，對此沒有什麼特別的秘訣，社會上想必也沒有人知道這樣的秘訣。然而，根據我面對逆境的經驗和依循道理所做的思考，我認為人如果陷入自然的逆境當中，最初而唯一的良策便是領會自己的本分為何。知足守分，無論有多麼焦慮，坦然接受此乃天命無能為力，如此一來無論面對何種逆境，想必也能獲得心靈上的平靜。但如果將這種情況解釋為人為的逆境，想憑藉一己之力有所作為，就只會增添苦惱、徒勞無功，最終因此精疲力盡，無法應付。因此，當遭遇自然逆境的時候，首先應該順應天命，耐心等待既成命運的降臨，不屈不撓，勤勉上進。

反之，陷入人為逆境時又該如何是好？如果能自動自發，那麼除了自省，改正缺點之外別無他法。世上許多事情都是自發性的，只要奮力去做自己想做的事，大致上都會如願以償。然而，多數人不去招攬讓自己幸福的命運，往往刻意叛逆，結果反而陷入困境。如此一來就算想要一帆風順，過著幸福的生活，恐怕也很難達成。

蟹穴主義的重要

關於我個人的處世方針，我一直以來都堅持忠恕一貫的思想。自古以來，宗教家和道德家當中碩學鴻儒輩出，其傳道立法歸根究柢乃是以修身，亦即修養身心一事為中心。若以迂迴的方式說明則很難理解，但簡單來說，提筷與放筷之間的用心，也充分蘊含修身的意義。在此意義之下，無論對家人、對客人，抑或是閱讀信或其他文件，我都誠意以對。正如孔子曾完整說明此道理：「入公門，鞠躬如也，如不容。立不中門，行不履閾。過位，色勃如也，足躩如也，其言似不足者，攝齊升堂，鞠躬如也，屏氣似不息者。出降一等，逞顏色，怡怡如也。沒階趨進，翼如也。復其位，踧踖如也。」此外，孔子對享禮、聘招、衣服、起臥等，亦諄諄解說。在講解飲食的時候說道：「食不厭精，膾不厭細。食饐而餲，魚餒而肉敗，不食。色惡，不食。臭惡，不食。失飪，不食。不時，不食。割不正，不食。不得其醬，不食。」這些都是非常淺近的例子，卻也蘊藏著道德和倫理。

如果能夠注意舉筷之間的禮儀，接著要注意的就是自知其分。世上有許多人因為過於相信自己的能力而起了非分之想，只知道前進，卻不知道守本分，往往因此犯下意想不到的錯誤。我認為螃蟹就該挖與蟹殼差不多大小的洞穴，正如我隨時注意恪守自己的本分。距離現在約十年前，曾有人請我出任財政大臣，也有人要我擔任日本銀行的總裁，但我有感於明治六年時已在實業界挖了一個洞穴，如今並沒有離開這個洞穴的打算，因此堅決辭退了這些邀請。孔子曾說：「該進則進，該止則止，該退則退。」人的進退之道非常重要，然而即便安分卻忘了進取之心，則必然一事無成。事業未成誓死不歸、為求大功不拘小節等，男子漢一旦下定決心就該有孤注一擲的氣魄，但絕不可忘記本分。子曰：「從心所欲不踰矩。」亦即要安分進取。

其次，年輕人最應該注意的是喜怒哀樂。不只青年如此，所有人在處世時最常犯的錯誤就是無法控制七情的浮動。孔子曾說「關雎樂而不淫，哀而不傷」，即在講述調節喜怒哀樂之必要；我雖然也會飲酒作樂，但總以不淫、不傷為限。簡言之，我所秉持的主義就是誠心誠意，凡事以誠為律，除此之外別無他物。

得意之時與失意之時

多數人的災禍都是在得意之時萌生，得意的時候任誰都會有忘形的傾向，而禍害便會趁機入侵。因此，人生在世應當謹記一點，即得意的時候不鬆懈，失意的時候不氣餒，以平常心按道理行事，同時還必須兼顧事情的大小。失意的時候就算小事也會用心看待，但多數人在得意之時便會思慮一轉，採取「不過是一樁小事」的輕蔑態度。然而不能忘記的是，無論是得意或失意之時，若不能隨時縝密處理各種大小事，就很容易陷入意想不到的過失之中。

面對眼前的大事，任誰都會集中精神，仔細思索該如何處置。然而對於小事卻正好相反，一開始就輕忽，不特別用心就虛應故事，此乃世間常態。當然，對於舉筷等小事也勞心費神、過分拘泥，只會白費有限的精神，沒有必要對所有事情都用心到如此程度；此外，就算是大事，有些亦不須特別操心就可以完成。因此，事情的大小並非取決於表面的觀察。小事有時會變成大事，大事有時意外地會變成小事，無論大小，都需要充分考慮其性質，再做出相對應的處置。

那麼該如何處理大事呢？首先必須認清是否能夠妥善處理。但這一點會根據不同人的思慮而異，有些人將自己的得失放第二位，專注於思考最佳的處理方式；另有些人優先考慮的是自己的得失；或者相較於有人一心犧牲小我來成就該事，卻也有人只在乎自己，絲毫不把社會的利益放在眼裡。總而言之，人心不同，各如其面，不可能完全一致。若問我怎麼想，我的回答如下：首先應該思考怎麼做才能讓事情合乎道理？若遵循這個道理去做，是否合乎國家利益？接著再思考是否對自己有益？此時若發現對自己無益，但合乎道理且利於國家社會，我將斷然捨棄自我，遵循道理行事。

對於一件事情，首先考察探求是非得失和是否合理，然後才放手去做，我認為這是最得當的方法。但在探究的過程中，必須深思熟慮。乍看之下合乎道理所以遵循，或是乍看之下違背公益而捨棄等，這般操之過急並不可取。就算看起來合乎道理，仍須細想是否有不合理的地方；即便當下看似背離公益，也應深入探討日後是否有可能對社會有所助益。貿然斷定事情的是非曲直與合理性不僅不妥當，好不容易的苦心也將化作泡影。

要是碰到小事，有時甚至沒有經過深思熟慮就下決定，這是非常不好的。因為是小事，所以眼前所見盡是一些枝微末節，任誰都會輕忽而忘了用心。切記，這些輕忽的小事，累積起來有可能會成為大事。有些小事可以當場解決，但有些則是大事的開端，不以為意的瑣碎之事，日後有可能會引發大問題。甚者有些細微之事會慢慢發展成壞事，最終連人也成了惡黨；相反地，也有些小事會朝好的方向發展。一開始以為不足為道的事業，有的一步步醞釀造成巨大弊害，也有的為一身一家帶來幸福，這些全部都是積小成大。人的冷漠或任性也是從小慢慢累積，在經年累月之下，政治家將為政治界帶來不好的影響，實業家無法在事業上做出成績，教育家則會誤人子弟。由此可見，小事未必小。我認為世上沒有大事或小事的道理，區別事大或事小，終究不是君子之道。因此，事情不該有大小的分別，應用同樣的態度和思慮去面對。

再補充一句，切勿得意忘形。古人有云：「成名每在窮苦日，敗事多因得意時。」此話乃是真理。人在困難的時候，會以處理大事的態度面對任何事，因而多在這種情況下成名。放眼世上的成功者，必有「終於克服這種困難」、「好不容易擺脫那段痛苦」的經驗。換句話說，這就是他們用心應對的證據。失敗的徵兆則往往出現在得意的時候，人在這時容易把所有事都當成小事般應對，抱持著天下何事不可為的氣概而始終掉以輕心，一旦稍有失算，就會陷入不可想像的失敗境地。這與小事積成大事的道理相同。因此，人在得意的時候也不可忘形，不論大小事都要付出相同的心思。水戶黃門光圀公[13]之壁書有言：「小事當思辯，大事不驚心」，誠為至理名言。

名言佳句

材有分而用有當。所貴善因時而已耳。（《亢倉子．政道篇第三》）

（語譯）由於才能各有不同，因此必須適才適所。然而，所謂適才也要配合時機。

眾人之智，可以測天，兼聽獨斷，惟在一人。（《說苑．權謀》）

（語譯）眾人的智慧可以測知天意，但廣泛聽取意見做出決斷的，只有一人。

1. 即三島中洲（一八三一－一九一九），為江戶末期至大正時代的漢學者。毅是他的本名。漢學私塾二松學社的創辦者，提倡謀利必須以道德為基礎的「義利合一論」，與澀澤榮一意氣相投。

2. 菅元道真（八四五－九〇三），日本平安時代的貴族兼學者、漢詩人、政治家。不僅文武兼備且備受朝廷重用，曾官拜右大臣，卻因為左大臣藤原時平的饞言被貶至九州大宰府（現稱太宰府），抑鬱而終。其死後京都與皇室內陸續出現異象，朝廷以為是道真的怨靈作祟，於是赦免其罪名並追贈官位，加以祭祀。被後人尊為「學問之神」。

3. 當時日本普遍將中國稱為支那，並無貶意。為忠實呈現原文，書中將保留此稱呼。

4. 佐藤一齋（一七七二－一八五九），江戶時代著名的儒學者。他在後半生四十餘年間寫下的一系列語錄《言志四錄》被視為指導者的聖經，也是維新三傑之一西鄉隆盛引以為鑑的作品。

5. 敕任官指的是在大日本帝國憲法下，由天皇經親任式任命的官員，在當時屬於官僚制度的最高階級。

6. 中村敬宇（一八三二－一八九一），幕末、明治初期的啟蒙學者。留英歸國後，翻譯了英國道德學家斯邁爾斯（Samuel Smiles）的自助論（*Self-Help*），題為《西國立志編》。

7. 信夫恕軒（一八三五－一九一〇），幕末明治時代的漢學者，後來成為東京大學講師。擅長漢詩文與書法。

8. 即大久保忠鄰（一五五三－一六二八），為相模國小田原藩初代藩主。

9. 即德川御三家，包括尾張德川家、紀州德川家和水戶德川家。在江戶時代地位僅次於將軍家。

10. 即井伊直弼（一八一五－一八六〇）。掃部頭為官職名，是掃部寮的長官，該部屬負責在宮廷舉行典禮活動時進行準備，以及宮殿的清潔打掃。

11. 泛指日本本州島西部，包括山陰及山陽地區，相當於現在的鳥取縣、島根縣、岡山縣、廣島縣、山口縣。

12. 即德川昭武（一八五三－一九一〇），幕末時期的水戶藩主。曾帶領澀澤榮一等多位幕臣前往法國留學視察。

13. 即德川光圀（一六二八－一七〇一），江戶時代大名，德川家康的孫子。由於曾作為水戶藩藩主擔任權中納言（相當於中國古代官職黃門侍郎），因而得稱水戶黃門。

立志與學問

預防精神衰老的方法

曾以交換教授的身分從美國來到日本的梅比博士（Hamilton Wright Mabie），在他即將任滿回國之際，與我坦誠交談了許多他的肺腑之言，包括以下的評語。梅比博士說：「我是第一次來到貴國，對一切都感到非常新奇。我尤其注意到無論是上層或下層階級，所有人都努力上進，很少看到懶惰者，令我深深感受日本果真是個新興國家。而且，人們的努力向上是懷抱著希望，洋溢著愉悅之情，充滿不達目的不罷休、敢作敢為的氣象。之所以看似幾乎所有人都懷著滿心的喜悅追求成功，是因為國民擁有奮發圖強的資質。我雖然非常讚賞好的一面，但如果只說好話而不做出批評，未免有阿諛奉承之嫌，因此我也不客氣地坦言相告。也許是因為我曾接觸官場、公司、學校等環境，因此特別注意到這一點，那就是重視形式的弊病，即比起事實更看重形式的強烈傾向。也許是因為美國最不講究形式，所以在我看來特別顯著，但拘泥於形式的弊病是否正逐漸發酵？如果這是全體國民的特性，就更需要特別留心。此外，無論是哪一個國家，都不可能所有人的主張一致。一個人說右，另一個人就說左；只要有進步黨，就會有保守黨。黨派之內雖然也有意見相左之人，但以歐洲或美國來說，這是一件普通且高尚的事。然而，這種情況在日本卻既不普通也不高尚，說得難聽一些，甚至是下流而偏執，似乎就連微不足道的小事也能口不擇言、針鋒相對。也許是時機不湊巧，在我看來這個現象在政治界尤其明顯。」不過梅比博士又進一步解釋，「由於日本長期以來都屬於封建制度，即使是很小的藩國也經常反目，只要右邊強盛，左邊就來進攻，若是左邊強盛，右邊就發起攻勢」。梅比博士雖然沒有明說，但或許是因此養成的習慣所致，自元龜、天正時期（一五七〇—一五九三）以來所形成的三百諸侯林立的局面，確實留下了彼此欺凌、相互敵視的積弊。日本人雖然不乏溫柔的性格，但長久下來，黨派間相互傾軋的情況越演越烈。我也認為，封建制度所留下的積弊多少是無可奈何的。以最近的例子而言，水戶等人才輩出的大藩也因為發生傾軋而式微；顯然若沒有藤田東湖[1]、戶田銀次郎[2]，或是會澤恒藏[3]這類人物，又或是藩主當中沒有出現如烈公[4]這般的名君，想必就不會發生紛爭，也不會走向衰微。梅比博士的觀點總是教我洗耳恭聽。

他對日本國民感情強烈的特性也沒有太多的讚賞。就算是瑣碎之事，日本人也容易突然激動，但又很快忘記。亦即情感激烈，另一方面又十分健忘。作為一流國家的國民，這並非是值得自豪的適當性格。也就是說日本人必須要加強修養，鍛鍊忍耐之心。

此外，雖有冒犯，但梅比教授也對國體論提出忠言，說道：「日本忠君之心深厚，美國人無法想像，實在羨慕又敬佩。其他地方想必找不到這樣的國家。我之前就有所聞，但實際看到之後，更是感佩之至。話雖如此，我還是要不客氣地說，若這樣的情況長久持續，不讓君權干涉民政會是將來的重點。」他的說法我們不置可否，對於這個抽象的批評，也不需要一概排斥，因此我回答道：「我個人願意接受您誠懇的建議。」梅比教授還談到了許多其他問題，並在最後對於來到日本半年間所受到的優待表示感謝：「這半年間，我坦率地說出了自己的想法，受到各校學生和其他人的熱情款待，我感到非常高興。」

一位美國學者在觀察日本後所做出的評論不一定對我國有很大的益處，但如前所述，我們必須接納外國人公正的評判，展現大國國民的胸襟，並藉此逐漸反省，最終成為真正的大國國民。相反地，若不斷受到「真是令人困擾的國民」、「有許多不妥之處」等批評，也許就難以與人交往共事了。因此，不能以為一個人的批評不重要。正如司馬溫公（司馬光）曾勸誡：「君子之道，自不妄語始。」若是在無意識之下發出妄語，就不會被人尊敬為君子。如此看來，一次的行為有可能毀掉一生的信譽，而一個人的感想也可能影響一國的名聲。梅比教授帶著這樣的感受回國，雖然是瑣碎之事，但仍然不宜等閒視之。

仔細想想，由於大家平素的刻苦勵精，才創造出今日昌隆的國運，總想著更進一步使其發展。對此我想說的是，最近大家經常把青年掛在嘴邊，談論青年的非常多。我確實也同意年輕一輩很重要，必須加以重視，但站在我的立場來說，老年人的重要性不會輸給年輕人。只重視青年而忽視老人，我認為這是錯誤的。我在其他場合也曾說過，希望自己能做一個文明的老人。我不知道世間究竟把我定位成文明的老人還是野蠻的老人，但我自認是個文明的老人，儘管在各位眼中，我或許是個野蠻的老人也說不定。但如果仔細觀察，比起我的青年時代，現在的青年開始工作的年齡偏晚，就如同日出的時間遲了許多。如果又早早衰老引退，活躍的時間就會大幅減少。試想一個學生如果到三十歲為止都將時間花在學問上，那麼至少必須工作到七十多歲；若五十或五十五歲就已經衰老，那麼僅有二十或二十五年的時間工作。非凡之人也許可以在十年間完成百年的工作，但不能以這樣的例外來要求大多數人。更何況社會的事物日益複雜，各種學問技術不斷進化，幸好有博士專家們的新發明，就算年齡增長也不至於衰弱，或者年輕時就能獲取充分的智慧。正如同馬車到汽車、汽車到飛機的發展使得世界變得狹小一般，如果能夠讓人類的活動日漸強大，人一出生就是有用的人，一路活躍到生命盡頭，那是再好不過的事了。還希望田中館[5]先生能創造出這樣的發明。而在此之前，年長者還是要充分工作。作為文明的老人，縱使身體衰老，心智也不可衰弱；而為了不讓精神老化，除了學問之外別無他法。隨時精進學問，不落後於時代，我認為只要這麼做，精神永遠都不會衰老。因此，我非常厭惡有如行屍走肉一般的人，只要身體還在這個世上，就應該讓精神也繼續存在。

及時努力

即使到了德川時代末期，受限於舊習，一般工商階級的教育與武士教育還是完全不同。武士皆以修身齊家為本，不僅修養自身，更以治理他人為方針，一切都著眼於經世濟民。農工的教育並非教他們思考如何治理他人或國家，而是更加淺近的教育。當時接受武士教育的人很少，教育幾乎都是所謂的私塾形式，由寺廟的和尚或是年邁的富豪負責教導。農工商的活動基本上僅限於國內，與海外沒有絲毫關係，因此只需初步的教育便足矣。加上主要商品的運送、販賣等關鍵工作都掌握在幕府和各藩的手裡，與農工商民幾乎沒有關係。當時所謂的平民，不過是一種工具；更過分的是，武士會因為受到冒犯而肆意毆打甚至斬殺平民，並對這種極為殘酷野蠻的行為不以為意。

這樣的情況到了嘉永、安政時期（一八四八—一八五九）才逐漸發生變化，接受經世濟民學問的武士提倡尊王攘夷，最終發起維新的大改革。

我在明治維新不久之後當上大藏省[6]的官員，當時的日本在與物質、科學相關的教育上，幾乎可以說是一無所有。武士教育雖然包含種種高尚的精神，但農工商階層幾乎毫無學問可言。不僅如此，就連一般教育的程度也很初階，大多都傾向政治教育，就算開啟了與海外的交流，卻不具備相對應的知識；即使想方設法希望富強國家，也沒有足夠的智慧。一橋高等商業學校於明治七年（一八七四）成立，但多次被迫廢校，只因當時的人認為商人根本不需要這麼高深的知識。我等高聲疾呼，強調商人也必須具備科學才能與海外交流，所幸不久後情況出現轉機，隨著明治十七、十八年（一八八四－八五）此種風氣開始盛行，很快地出現許多才學兼備的人才。此後至今不過短短三、四十年時間，日本的物質文明已有了不亞於外國的進步，只不過其間也產生了很大的弊害。儘管德川三百年來為了太平所實施的獨裁政治明顯衍生出許多弊端，然而這個時代所教育出的武士當中，不乏品行高尚、志向遠大之人，相較之下今日卻沒有這樣的人。很可悲地，如今無論累積多少財富，武士道或仁義道德卻被踩在地上，亦即精神教育徹底衰微。

自明治六年（一八七三）起，我等便全力為物質文明貢獻一己棉薄之力。值得慶幸的是，今日在全國各地都可以見到成功的實業家，國家的財富也增進許多，然而在人格素養方面卻退步到了明治維新之前。我甚至擔心這不只是退步，而是終將消失。在我看來，物質文明進步的結果反而阻礙了精神上的進步。

我相信，精神也必須伴隨財富不斷地進步，而人必須擁有的堅強信仰也必須以此為出發點。我由於出生於農家，接受的教育較少，但有幸透過修習漢學，因而得到了一種信仰。我並不在乎極樂世界或者地獄，但我堅信只要當下行得正，必可成為優秀的人。

大正維新的決心

所謂維新，其意義如《湯盤銘》所言：「苟日新，日日新，又日新。」在發揮蓬勃生氣的時候，自然會產生新的活力，力圖銳意進取。大正維新也是這個意思，即下定決心，展現上下一致的行動；然而，當時風氣傾向保守退縮，因此需要更加努力，並與明治維新時人們的作為相比較，以期深刻反省。明治維新以來發展的各個事業當中雖然有些以失敗收場，但其他大多數都擁有蓬勃的朝氣和精力快速發展，儘管還有其他種種要因，但其生氣和精力確實偉大不凡。

青年時代是血氣方剛的時代，如果善用此氣勢可以為日後的幸福奠定基礎，就應當毫無保留地發揮，讓那些容易流於保守、墨守成規的老人都感到害怕。青年時代為了正義但懼怕失敗的人，終究不會有所作為。只要是自己所相信的正義，希望年輕人都能採取進取而剛毅的行動，即秉持著正義勇往直前，抱持滴水穿石的堅定決心，以天下無難事的信念努力。一旦擁有如此意志，必能克服萬難，即便遭遇失敗，也全是因為自己思慮不周，若心中毫無愧咎，反而會帶來巨大的教訓，培養出更加剛強的意志，產生加倍的自信。由此自然能夠勇猛向前，隨著進入壯年成為有用之人，無論是作為個人或國家棟樑，都將是值得信賴的人物。

他日將肩負國家重任的青年，現在就必須下定決心，投入今後日益激烈的競爭當中。只要想著今日的行為有可能對國家前途造成堪憂的結果，就不會做出會令將來後悔的愚蠢之事。明治維新可說是百廢待舉的混亂時期，比起當時，今日的狀態有著顯著的發展，國家面貌煥然一新，社會井然有序，學問普及，所有事情都方便許多。只要周到細心且行動大膽，經營大事業應該會是令人相當愉快之事。然而，正因為是建立秩序、教育普及的時代，在處事上如果僅有少許進步或者卓越但有限的決心，其實很難推動大眾。畢竟教育總有弊害，因此更需要發揮勇猛之心、洋溢活力，打破各種弊端，朝著進步之路勇敢邁進。

豐臣秀吉的長處和短處

亂世豪傑多不嫻於禮，無治家之道，這樣的情況其實不僅限於明治維新時期人們所謂的元老。無論在什麼樣的時代，亂世下的眾人皆是如此。我也沒有值得誇耀的家訓，就連過去的曠世英雄豐太閤（豐臣秀吉）同樣也是不嫻於禮教，故無傳世家訓之人。這原本並非值得讚賞之事，但身處於亂世之中，卻也是無可奈何，因此我認為不應該過分苛責。若說到豐太閤最大的短處，也就是無治家之道，有機略卻無謀略；相反地，若說起豐太閤最大的長處，當然就是他的努力、勇氣、機智，以及氣概。

上述列舉豐臣秀吉的長處當中，最值得注意的是他的勤學，可說是長處中的長處。我衷心敬佩其勤勉，希望各位青年子弟必定要學習豐臣秀吉的努力。成事並非在成事之日所成，必定由來已久；豐臣秀吉之所以能夠成為稀世英雄，原因之一便是他的努力。

豐臣秀吉當初以木下藤吉郎之名追隨織田信長，在他負責拿草鞋的時期，只要到了冬天，一定會將草鞋抱入懷中溫熱，因此拿出的草鞋隨時都很溫暖。若沒有平時的努力，絕對無法注意到如此細節。此外，據說當織田信長準備早早出門的時候，即使還沒到隨侍集合的時間，只有藤吉郎依舊隨傳隨到，應聲伺候。這也說明了豐臣秀吉是一個特別努力的人。

天正十年（一五八二），織田信長遭到明智光秀討伐，豐臣秀吉當時正在備中[7]攻打毛利輝元，聞變後立刻與毛利氏議和，並向輝元借弓槍各五百、旗三十，以及騎兵一隊，率軍從中國地區折返，在距離京都僅數里的山崎與明智軍交戰，最終擊敗敵軍，誅殺明智光秀。從織田信長於本能寺遇害，至明智光秀被梟首於本能寺示眾，豐臣秀吉僅花費十三日的時間，以現在的說法也就是二周之內。當時沒有鐵路也沒有汽車，交通相對不便；然而，京都發生事變的消息一傳到中國，豐臣秀吉立即達成和議，並借來兵器與士兵返回京都，所用時間不過二周，這些一再證明豐臣秀吉是一位非比尋常的實幹家。若沒有勤勉精神，無論如何機智，也無論多麼想要為主報仇，事情也不可能進展地如此迅速。從備中至攝津的尼崎為止，想必是不分晝夜趕路。

翌天正十一年（一五八三）又發生賤岳之戰，豐臣秀吉消滅柴田勝家，終於統一天下。天正十三年（一五八五），豐臣秀吉順利登上關白之位。自本能寺之變發生以來，豐臣秀吉僅用了三年的時日便一統天下；他無疑原本就天賦異稟，但仍是其努力實幹造就了這一切。

據說豐臣秀吉在仕於織田信長後不久，曾在兩天內就築好了清洲的城牆，讓織田信長也大吃一驚。對此我們不該一概視之為稗官野史的無稽之談，畢竟以秀吉這般實幹的努力精神，我認為這是絕對有可能辦到的事。

主動拿起筷子

有些年輕人會感嘆，雖然對工作有抱負卻無人可以請託、牽線或者提供關照。的確，無論是多麼傑出的人才，若世上沒有發掘其才氣膽識的前輩，也無法施展本領。因此，如果認識有實力的前輩，或是親戚當中包括有力人士，那麼其器量被認同的機會較多，可算是相對僥倖；但這種情況是就普通以下的人來說。如果一位青年擁有過人的手腕，優秀的頭腦，即使沒有背景強大的知己或親戚，社會也不會埋沒他。當今世上的人這麼多，無論是官場、公司，乃至銀行，都有許多冗員，卻很少出現能夠讓前輩安心託付的人；因此只要是優秀的人才，無論多少都會有人想要爭取。就像做好的飯菜，要不要吃，全看拿筷之人，既然美食已經獻上，前輩或世上的人也幫不了更多的忙了。木下藤吉郎出身匹夫，卻享用了關白這道大菜；只不過他並非靠織田信長餵養，而是自己拿起筷子開動。一個人若想要成就某事，就必須自己拿起筷子。

就算是交付工作，也不會有人一開始就將重大工作交給沒有經驗的年輕人。即便是像木下藤吉郎這樣的大人物，仕於織田信長之初也只是負責拿草鞋這般不起眼的工作。有人說自己接受高等教育，卻像個小學徒般只能撥撥算盤，記記帳，簡直太沒趣了；也有人滿腹牢騷，抱怨前輩們根本不懂人才經濟。這種說法非常不正確。讓優秀的人才從事無聊的工作，從人才經濟的角度上來看確實不合乎利益。然而前輩們刻意為之有其充分的理由，絕非看輕或者刁難。之所以這麼做，是希望年輕人首先能依照前輩的意思行事，專心做好被賦予的工作。

對於被賦予的工作怨聲載道以致離開的人當然不可取，而輕忽無聊的工作，不認真做事的人同樣不可用。無論是多麼瑣碎的事務，也是整體工作的一部分，如果無法做好，後果將不堪設想。就如同時鐘的秒針和小齒輪要是怠惰不工作，時針便無法前進；掌握了好幾百萬圓的銀行，只要有數厘[8]之差，當日就關不了帳。年輕氣盛之際，看到小事都容易採取輕蔑的態度，如果是一時的事也就罷了，但小事很有可能會在日後引發大問題。即使日後沒有造成大問題，草率處理小事的粗心之人，終究無法成就大事。如水戶黃門光圀公的壁書寫道：「小事當思辯，大事不驚心。」無論是經商或軍事上的謀略，任何事都應當以此態度面對。

古語有云：「不積跬步，無以致千里」。即使有自信可以做大事，但大事也是由微不足道的小事累積，因此無論何事都不可掉以輕心，而是帶著勤勉忠實的誠意完成。豐臣秀吉受到織田信長重用的經驗正是如此；他努力做好拿草鞋的工作，當織田信長將部分士兵交給他的時候，他也確實善盡了將領之責，令織田信長深受感動，遂破例拔擢秀吉，使其身分與柴田氏和丹羽氏平起平坐。因此，無論是負責櫃台還是記帳，若不能在當下盡心盡力做好被交付的工作，這樣的人是無法開啟功名利祿之門的。

大志與小志的調和

沒有人一出生就是聖人，我們凡人在立志的時候，經常容易感到迷惘。有時是受到眼前社會風潮的影響，又或者一時受到周圍情況的牽制，許多人因此企圖朝著不符合自己本領的方向前進，這些人稱不上是立下了真正的志向。尤其今日，社會已經建立秩序，中途轉變已經立下的志向是非常不利的事，因此一開始立志的時候必須慎重。首先要將頭腦冷靜下來，仔細觀察並比較自己的長處和短處，再立定志向於自己最擅長之處。與此同時，也有必要深刻思考自己的境遇是否足以實現這個志向。例如，因為身體強壯、頭腦清晰，故立志一生投入學問研究，但如果沒有相對應的財力基礎，將很難如願以償。因此最好一開始就確定方針，將志向立於無論從什麼角度來看，都能終其一生貫徹追求的事業上。有些人沒有經過如此深思熟慮，只顧追逐社會一時的風氣而匆忙決定自己的志向，終究不會有所成就。

確立根本的志向之後，接下來則必須逐日立下如枝葉般的小志向。無論是誰，有時會因為接觸到的事物燃起希望，而懷抱一定要設法實現這個希望的意念也是一種立志，此即是我所說的小志向。舉例而言，看到某人因為某種行為受到社會尊敬，於是也想要效仿，當心中產生這種希望的時候，就算是一種小志向。至於應該在這上面下多少功夫，最重要的是在不違背一生大志向的範圍內努力。此外，由於小志向在性質上經常變動，因此必須留意這個變動會不會動搖大志向，以及大志向和小志向不可相互矛盾，兩者必須隨時調和，保持一致。

以上所述是關於立志的工夫，那麼古人又是如何立志的呢？下面研究孔子如何立志，以作參考。

若是透過我平日作為處世信條的《論語》來看孔子如何立志，子曰：「吾十有五而志於學，三十而立，四十而不惑，五十而知天命。」從中可以推測，孔子十五歲時就已經立志。孔子所說的「志於學」，是否代表他決定終生以學問為志向，這一點尚有存疑，但孔子無疑認為今後必須努力追求學問；接下來孔子所說的「三十而立」，是指這時已經成為能夠立足社會之人，具備修身齊家、治國平天下的本領與信心；「四十不惑」之年則已經能以自己立下的志向處世，進入不會因為外界影響而動搖其志的境界，無論何時，行動都充滿自信。到了這時，立下的志向已經逐漸結果，且更加堅定。由此可見，孔子是在十五歲至三十歲之間立志。在他立志於學之初，尚有幾分動搖，但到了三十歲時，已經可以窺見其決心，直到四十歲才真正完成所立之志。

簡言之，立志就好像是人生這個建築物的骨架，小志向則是其裝飾，如若一開始不能確實思考如何組裝，日後好不容易蓋到一半的建築物，有可能在中途毀於一旦。因此，立志對於人生而言是最重要的起點，任何人都不可輕忽。立志的要領在於認識自己，並思考自身能力所及，進而決定相對應的方針，除此之外別無他法。我相信假使每個人都能做到這一點，人生的道路萬不會出錯。

君子務爭

社會上似乎有許多人認為我是一個與世無爭之人。我當然不喜歡與人相爭，但也並非完全不爭。如果是為了貫徹正確的道路，自然無法避免爭執；若想著避掉一切紛爭，那麼惡就會戰勝善，正義也無法伸張。我雖不才，但也不想站在正道上卻不願與惡相抗，甚至退讓，成為一個圓融卻沒有原則的人。人再怎麼圓融，還是要有些稜角，如古歌所云，太過圓滑反而容易跌倒。

我並不如社會所認定的是個圓融之人。即便乍看之下如此，但仍有所謂不圓融的地方。自年少時便是這樣，如今就算年過七十，如果有人企圖動搖或顛覆我的信念，我將斷然不惜與他相爭。只要是我所相信的正確之事，無論在什麼情況下，我都不會退讓，這就是我所說的不圓融。人無論是誰不分老少，對於正確的事都應該有一些不圓滑的堅持，否則一生將毫無意義。雖然人品務求圓融，但要是過了頭則會如孔子於《論語．先進篇》所說的「過猶不及」，失去了為人的品格。

我絕非所謂的圓滑之人，而是也有某種程度的稜角。雖然說是「證明」似乎有些奇怪，但我還是想談一些能夠印證我並不圓融的實際例子。儘管我從年輕的時候開始就不曾訴諸暴力與人相爭，然而當年的我與現在不同，外表看起來很固執，因此在他人眼中，也許會認為我比今日好鬥。但我至今為止都僅止於口頭爭辯，從未為了爭權而直接動手。

明治四年（一八七一），三十三歲的我於大藏省擔任總務局長一職，並對當時的出納制度實施重大改革，頒布了修正案，希望改採西洋式的簿記法，以傳票管理金錢的出納。然而，當時的出納局長（在此姑且不透露他的姓名）其實並不支持這項改革。由於我發現傳票制度在實行上偶有失誤發生，於是便斥責當事人，沒想到那位本來就對由我提案實施的修正案持反對意見的出納局長，有一天以傲慢無禮的態度闖進了我辦公的總務局長室。

眼看這位出納局長怒氣沖沖、咄咄逼人，我決定靜靜地聽他想說些什麼。他不但沒有對傳票制度實施後發生的失誤道歉，反而憤恨不平地不斷指責我頒布改正案，採用歐洲的簿記方法，說出「你只知道推崇美國，一五一十地加以模仿，還提出什麼修正案，說要用簿記法辦理出納，所以才造成今日這些錯誤。比起失誤的當事人，更應該由提出改革的你負責。犯下這些錯誤，也不能怪我們」等等，肆無忌憚地說了許多難聽的話，完全沒有自我反省的樣子。我對於他的無禮態度稍感吃驚，但並不憤怒，只是緩緩地說道：「為了讓出納更正確，就必須沿用歐洲式的簿記方法，使用傳票。」然而，這位局長絲毫聽不進我說的話，爭執幾句後變得面紅耳赤，隨即握緊拳頭，朝著我揮過來。

與個頭嬌小的我相比，這位局長身材高大，但他怒火中燒，腳步不穩，看起來並不強悍。我年輕的時候曾熟習武藝，身體也經過鍛鍊，絕非手無縛雞之力。如若他真的做出訴諸暴力的無禮舉動，我三兩下就能加以制伏。看著他從椅子上起身，舉起握緊的拳頭，有如阿修羅一般凶狠地朝我逼近，我便立刻離開椅子，靈活地閃過身，從容不迫地向後退了兩三步，站在椅子的後面。這位局長的拳頭於是無處可揮，我趁他不知所措的時候喝斥道：「你要搞清楚，這裡可是官署，休得像匹夫俗子一般粗暴，注意自己的行為。」這位出納局長這才回過神來，驚覺自己的行為就像個野蠻人一般。他趕緊放下握緊的拳頭，垂頭喪氣地離開我所在的總務局長室。

之後，許多人向我提出這位局長的去留問題，或是對於竟然敢在官署對長官使用暴力的行徑議論紛紛，但我認為只要當事人知錯能改，就準備讓他繼續留職。只不過大藏省中有人比我這個當事人更加憤慨，將這件事詳細上報太政官[9]，使得上級認為不能置之不理，因而將他免職，對此我至今依舊深感遺憾。

社會與學問的關係

學問與社會並沒有太大不同，但由於學生時代的預期過高，以致實際看到麻煩的社會狀態後，不免會感到意外。今日的社會與過去不同，變得愈來愈複雜，學問也分成多種科目，像是政治、經濟、法律、文學，或是區分成農、工、商等領域。各分科當中，如工科又分為電力、蒸氣、造船、建築、採礦、冶金等，而相對較單純的文科也分為哲學、歷史等種種科目。不論是想要從事教育或小說創作，根據每個人各自的期望，前進的道路分歧且複雜。因此，實際在社會上活動的時候，每條路並不如在學校所學的那般分明，很容易迷失方向。學子必須隨時注意這一點，著眼於大局看清時勢，找到自己的立足點，也就是說不可忘了站在自己和他人的相互立場上看事情。

急功近利而忘了大局，這原本就是人的通病。許多人只顧拘泥於事物，一點點成功便心滿意足，稍遇挫折就垂頭喪氣。這也是為何許多剛從學校畢業的人看不起社會的實務，進而誤解實際發生的問題。這種錯誤的想法勢必得加以改正，作為參考來舉例的話，學問與社會的關係，就好像是看地圖與實地步行。打開地圖，世界盡收眼底，一國一鄉都宛如在彈指之間；陸軍參謀本部繪製的地圖非常詳盡，從小川小丘至土地的高低傾斜都一目了然，然而一旦與實際情況相比，會發現許多地方出乎意料。若是沒有充分考慮到這一點，自以為已經瞭若指掌，等到實地探訪之際，才發現茫然不知所措，迷失了方向。山高谷深，群山連綿，河流寬廣，在尋找道路前進的時候，會遇到怎麼也爬不上去的高山，也有可能被大河阻斷了去路，道路迂迴難以向前；又或者進到深谷，不知何時才走得出來。一旦發現所到之處盡是困難重重，這時若沒有足夠的信念且看不清大局，就會垂頭喪氣提不起勇氣，陷入自暴自棄當中，以致無論是高山或平野，只能瘋狂在原地打轉，最終導致不幸的結果。

把這個例子套用在學問與社會的關係上思考，應該就不難理解了。總而言之，就算事前充分了解社會事物有多麼地複雜，也做足了準備，但實際上總會遇到許多意料之外的情況，因此學生平時就應當更加用心研究。

培養勇猛之心的方法

只要活力旺盛、身心活潑，自然能夠有更大的作為。然而做大事的時候如果方法錯誤，就有可能犯下嚴重的過錯，因此當從平時注意起，思考應該如何勇猛精進。勇猛精進的力量一旦受到正義觀念的鼓舞，更能助長其聲勢。但要如何培養果斷行使正義的勇氣呢？首先必須在平時就勤於鍛鍊肉體。除了透過磨練武術和鍛鍊下腹部來維持身體健康，同時充分陶冶精神，行動上保持身心一致，如此就會產生自信，勇猛之心便會自然提升。下腹部的鍛鍊在今日被稱作腹式呼吸法、靜坐法，或是心息調和法而相當盛行。雖然人們總是容易腦子一頭熱，因而變得神經過敏，容易受到外在事物的影響，但只要養成將力氣聚集在下腹部的習慣，自然心寬體胖，散發沉著穩健的氣息，成為充滿勇氣之人。因此自古以來，武術家的性格之所以普遍較為沉著且靈敏，是因為武術訓練不僅能鍛鍊下腹部，在養成全力以赴的習慣之餘，也能該行動常保靈活自在。

勇氣的培養除了鍛鍊肉體，也必須注意內在的修養。以讀書來說，可閱讀古代勇者的言行，接受其感化，或者接受長輩的感化，傾聽他們說話，養成身體力行的習慣，一步步提升剛健的精神。同時，培養正義的興趣與自信，若能達到言行不離義的境界，勇氣就會自然而生。然而必須注意的是，年輕的時候血氣方剛，容易是非不分，千萬不可濫用熱情，誤用勇氣，做出蠻橫的舉動。品行惡劣絕非勇氣，而是野蠻暴戾，反而會貽害社會，最終自取滅亡，這一點必須特別注意，切勿怠惰平日的修養。

總而言之，我國今日的狀態已經不是可以懷抱姑息的想法，滿足於老實繼承過去事業的時代。我國現在尚處於創設的階段，必須趕上並且更進一步凌駕於先進國家之上。因此，如今正是以超乎一般的決心，排除萬難，勇往直前的時候。為此，年輕人絕不能忘記時刻促進身心健全的發展，保持旺盛的活力以展開積極的行動，這才是我所衷心盼望之事。

一生應走的路

我十七歲時，曾立志當個武士。那是因為當時的實業家和農民商人一樣受到鄙視，在世間幾乎不被當成人看，卑微到不足掛齒。與此同時，社會非常重視家世，只要出生武家，就算沒有才智，也能在上流社會佔有一席之地，耀武揚威。起初這令我感到相當不快，覺得明明同是人，為何只有武士才有價值。當時我修習了一些漢學，閱讀了《日本外史》等書，了解到政權從朝廷轉移至武家的經過，慷慨激昂的思維因此萌芽，總覺得一輩子做個農民商人是一件沒出息的事，更加深了我想要成為武士的念頭。然而，我的目的並不單純只是想成為一名武士，而是也在思考有沒有辦法改變當時的政體。以今天的話來說，我懷抱著以政治家的身分參與國政的遠大夢想。然而，這也使我犯下了離鄉背井、四處流浪的錯誤。如今回首過去，我在日後進入大藏省之前度過的十數年可謂毫無意義、虛度光陰，現在回想起來，依舊覺得惋惜。

坦白說，我的志向在年輕的時候經常改變，直到明治四、五年（一八七一—七二）

才逐漸立志投身實業界。今日回想起來，那個時候對我而言才是立下了真正的志向。當時我慢慢發現，從自己原本的性格和才能來看，投身政界反而是朝著自己的短處邁進。與此同時，我也感受到歐美各國之所以昌盛，完全是因為工商業發達所致。日本若僅是維持現狀，何時才能與他們並駕齊驅呢？為了國家，我於是興起想要發展工商業的念頭，從此下定決心跨足實業界。我在這時立下的志向，之後四十餘年來始終不變，對我而言，這才是真正的志向。

反觀以前立下的志向，正是因為與自己的才能不符，不知天高地厚，所以才會一直改變。相較之下後來立定的志向維持了四十餘年，可見這才是真正適合自己的素質，合乎自身才能的志向。然而，假使我能有自知之明，十五、六歲時就立下真正的志向，從一開始就以工商業界為目標，等到我三十多歲踏入實業界時，這期間長達十四、五年的漫長歲月想必已經讓我充分累積了工商業相關的素養。若真是如此，今日實業界的澀澤榮一或許更有一番作為。可惜啊，年輕的時候被衝動所誤，在重要的修養時期，把時間全浪費在方向完全錯誤的志業上。現在準備立志的青年一定要以我為前車之鑑，莫要重蹈覆轍。

名言佳句

窮則獨善其身，達則兼善天下。（《孟子．盡心上》）

（語譯）不得志時就潔身自好修養個人品德，得志時不僅自己，更要讓世人都能做到如此。

1. 藤田東湖（一八〇六—一八五五），幕末時期的水戶藩士，作為水戶學的大家而負盛名，對日本全國各地的尊王攘夷志士影響深遠。
2. 即戶田忠敬（一八〇四—一八五五），幕末時期的水戶藩士。鼓吹後期水戶學的尊王攘夷思想，曾與藤田東湖一同創立藩校「弘道館」。
3. 即會澤正志齋（一七八二—一八六三），通稱恒藏。幕末時期的水戶藩士，水戶學藤田派的學者、思想家。
4. 即德川齊昭（一八〇〇—一八六〇），烈公為其諡號。幕末時期的水戶藩主。在改革藩政上十分成功，前述藤田東湖、戶田忠敬、會澤正志齋皆受其提拔。而後於黑船來航之際受幕府請託擔任海防顧問，強烈主張攘夷論。
5. 田中館愛橘（一八五六—一九五二），日本的物理學者。對於地震及航空學研究貢獻良多，並設立了緯度觀測站，還協助日本政府採用公制度量衡系統。
6. 過去日本的最高財政機關，成立於明治維新時期，而後歷經改組，成為今日的財務省。
7. 相當於今日岡山縣西南部。
8. 貨幣單位，相當於一日圓的千分之一。
9. 明治維新後國家最高的行政機關，分為以天皇為首的正院、左院以及右院。

常識與習慣

何謂常識？

人在處世之際，無論身處何種地位或場合，常識都是不可或缺的。那麼，所謂的常識是什麼呢？我的解釋如下。

所謂常識，也就是遇事不逞奇矯、不頑固，能辨別是非善惡，權衡利害得失，所有言行都符合中庸之道。若從學理上解釋，常識就是維持「智、情、意」三者的平衡，均等地發展。換言之，通曉一般的人情，充分理解通俗的事理，擁有做出適當處置的能力，這就是常識。雖然剖析並將人心分解成「智、情、意」三部分是基於心理學者所提倡的理論，但想必不會有人認為三者之間不需要調和。正因為具備智慧、情愛、意志，人類社會的活動才能進行，才能透過與物相接展現效能。因此，我想針對相當於常識基本原則的「智、情、意」多做一些闡述。

「智」對人有什麼影響呢？如果人沒有充足的智慧，就會欠缺辨別是非善惡的能力。無法分辨是非善惡和權衡利害得失的人，就算擁有學識，也無法以善為善，以利為利，這種人的學問最終將無用武之地。由此便能看出智慧對於人生有多麼地重要。然而，宋朝大儒程頤和朱熹非常痛恨智慧，認為智慧的弊病在於容易陷入權謀術數之中，導致欺瞞詐騙的行為；此外，愈來愈多智慧的運用以功利為主，脫離仁義道德，這也是程朱二人排斥智慧的原因。原本可以應用在各方面的學問因此被視為無用之物，以為只要修養己身，不作惡即可。然而這是極大的謬誤，如果只求自己不作惡，對周圍袖手旁觀，那麼會變得如何呢？這種人在世，對於社會沒有任何貢獻，不知道人生的目的究竟為何。雖說作惡確實不可取，但如果所有人都為了遠離惡事而不去做許多應該做的事，那麼也稱不上是真正的人。一旦強力約束智慧的運用，又會造成怎樣的結果？儘管不再作惡，人心卻會逐漸變得消極，真正做善事的人減少，甚是令人擔憂。朱子主張「虛靈不昧」、「寂然不動」，強調仁義忠孝，認為智近於詐，不能不避。依我所見，這種說法使得孔孟的教義陷入偏狹，導致諸多儒教的精神遭到世人誤解。事實上對於人心而言，智慧是不可欠缺的一大要件。因此，我認為絕不可輕視智慧。

智慧值得推崇的理由如前所述，但僅憑智慧行動是不可能的。這時如果沒有「情」的巧妙安排，也就無法充分發揮。舉例來說，如果一個人徒有智慧卻缺乏情愛，為了謀求自己的利益，就算排擠或絆倒別人也毫不在意。智能發達者，無論何事皆能一眼看出其中的因果，對事物有透徹的理解；但這樣的人如果沒有情愛，後果將不堪設想。難保不會利用他看透的事理，以自我為本位不擇手段，甚至極端到即使為他人帶來麻煩和困擾也不以為意。這時，能夠調和這種不平衡的就是「情」。情是一種緩和劑，任何事情都能夠藉由這一劑取得平衡，讓人生中的一切有了圓滿解決之道。假設人世間沒有情，那麼會如何呢？凡事將走向極端，最終面臨無可奈何的結果。因此對於人類而言，「情」是不可欠缺的機能之一。然而，情的缺點是容易受感情左右，一不留神就會動搖。人的喜、怒、哀、樂、愛、惡、欲七情變化無常，如果心中沒有能夠控制「情」的東西，則容易產生感情用事的弊端。此時需要的就是「意志」。

想要控制容易波動的「情」，除了依靠堅強的意志之外別無他法。「意」是精神作用之根本，只要擁有堅強的意志，這將是人生當中最大的強項。然而，徒有堅強的意志，卻沒有情和智，也不過是個冥頑不靈、固執己見之人罷了。當然，沒有道理卻自信滿滿，就算自己的主張錯了也不加以矯正，不由分說地堅持己見。這樣的人從某種角度來看也不是完全沒有值得尊敬的地方，卻欠缺了在一般處世上應有的資格，意即精神不健全，稱不上是完整的人。堅強的意志加上聰明的智慧，再以情愛加以調節，三者適當的調和與發展，才能構成完整的常識。現代人經常將要有堅強的意志掛在嘴邊，但光有堅強的意志其實也讓人困擾。如果成了俗話所說的「莽夫」，無論意志如何堅強，也算不上是對社會有用的人。

口乃禍福之門

我平時好辯，經常在各種場合上發言。此外只要受邀，我也很樂意演講。儘管不知不覺當中說了太多的話，有時也會落人口實、遭人嘲笑，但即便如此，我仍堅持不說違心之論，也自認從不胡言亂語。或許有人聽起來會覺得像在胡說八道，但至少我認為自己說出的話都確有其事。雖說禍從口出，但要是因為怕惹禍而完全沉默，結果會如何呢？在必要場合有重要的話要說的時候，如果不能盡量使用易懂的話語，關鍵有可能就葬送在含糊之中。就算避免了禍，又該如何招福？福不也是利用口舌招來的嗎？多話不會讓人感佩，但沉默也不可貴。保持沉默，如何能在社會上行事呢？

好言如我，雖然也會惹禍，但也因此招福。例如，沉默不語的話沒人知道結果，但有可能因為開了口，就解決了他人的困難；或者因為愛說話，經常受人之託代為斡旋，事情因此獲得解決；抑或是因為有三寸不爛之舌，而找到了種種工作。如果保持沉默，想必是無法招來這些福分的。如此看來，這些都是因口舌而獲得的利益。口既是禍門，亦是福門。松尾芭蕉曾詠俳句：「開口言是非，唇寒如秋風。」這是將禍從口出以更文學的方式表現，卻只提及了禍的部分，似乎過於消極。如果解釋得極端一點，就等於什麼話都不能說了。這麼一來範圍未免太過狹隘。

口舌的確是惹禍之門，但同時也是造福之門。因此，為了招來福祉，多話未必不好，但面對禍起之處，必須慎言。就算是隻字片語，也絕不妄言，思考禍福之所在，這一點無論是誰都必須謹記在心。

因惡而知美

我經常被世人誤解，認為我是一個主張來者不拒，不顧正邪善惡之分的人。不久之前也有人當面質問我：「足下近日以《論語》為處世之根本，又以《論語》為自身處世之準則，但受足下照顧的人當中，有些人的主張與足下完全相反，其中也包括非論語主義者。就算是受到社會責難的人，足下也不以為意地與之親近，採取不顧輿論的坦然態度，這難道不會傷害足下高潔的品格嗎？願聞足下真正的心聲。」

這麼聽來，他們的批評確實也有些道理。然而我有自己的見解，在處世之際除了立身之外，同時也要為社會效力，在能力所及的範圍內盡量從善，懷抱謀求社會進步的信念。因此，我將自己的財富、地位、子孫的繁榮等放在第二位，專注於為國家社會鞠躬盡瘁。我於是用心為人謀善，也就是助人之能，希望能將其用在適當的地方。這般努力也許就是招致世人誤解的原因。

我自從踏足實業界之後，接觸的人連年增加，這些人如若能效仿我的作為，發揮所長，精進自己的事業，就算這個人僅以謀求自身的利益為目的，只要所為正確，其結果有利於國家社會，我通常都會給予同情，設法幫助他們達成目的。這不僅限於謀求直接利益的工商業者，我也以同樣的原則對待舞文弄墨之人。譬如從事新聞雜誌業的人請我談談自己的意見時，假使我的見解能夠提高文章的價值，即便認為自己的主張意義不大，只要對方出自真心，我都不會拒絕。我接納這些人的請求，不僅是為了提出請求的個人，而是認為這是社會利益的一部分。因此就算非常繁忙，我也會抽出時間回應這些人的請託。由於自己抱持的主義如此，所以只要有人要求會面，我一定與他當面談話。不管是否認識，只要無礙，我必定與對方見面，傾聽他的意見和需求。一旦我覺得來訪者的請求合乎道理，無論是誰，我都會給予正面回應。

然而，有些人看準我是門戶開放主義者，藉此提出無理的要求，令我備感困擾。例如，素未謀面之人會希望我出借生活費，或者因為父母經濟拮据，有可能付不出學費而導致學業中斷，因此希望我補助之後幾年的學費；也有的說是想出了新發明，希望找我幫忙創立事業，甚者有人為了做點小生意，所以請我出資等等。我每個月都會收到不下十封這樣的信，也認為只要信封上寫的是我的名字，我就有閱讀的義務，因此即便是這種信，我也一定會逐一過目。此外，也有人直接跑到我家陳述種種希望。我雖然會接見這些人，但他們的期望或要求多半不合理。儘管來信之人我無法一一拒絕，但對於親自上門者，我會說清楚理由之後加以拒絕。這樣的行為看在他人眼裡，也許會認為我沒有必要看過所有信件，或是會見所有人；然而如果謝絕會面或無視信件，等於是違反了我平時的原則。我的雜務因此愈來愈多，一刻不得閒。雖然感到困擾，但為了堅守自己遵行的主義，我還是願意費這番功夫。

無論是陌生人的要求或是熟人的請託，只要不偏離道理，為了當事人，也為了國家社會，我必盡我所能地給予幫助。換言之，在合乎道理的前提下，我自然願意借助一臂之力，儘管日後偶爾還是會有發覺這個人其實並非善類，或是誤判事態的情況發生。既然惡人未必有惡報，善人也未必都能得其所願，故其實沒必要憎恨惡人，而是盡量引導他向善。因此有時就算一開始就知道對方是惡人，我依然會出手相助。

習慣的傳染性和傳播力

所謂習慣是人平時行為舉止的累積，形成一種固有的特性，進而影響自己的心靈和行動。正如壞習慣多的人成為惡人，好習慣多的人成為善人一樣，這終將與一個人的人格脫不了關係。因此人生在世，在平時養成良好的習慣是非常重要的。

此外，習慣不僅附隨在個人身上，也會感染其他人，有時甚至會想模仿他人的習慣。這種傳播的力量不僅限於行善的習慣，行惡的習慣亦是如此，因此需要特別警惕。比方說言語動作的習慣會從甲傳給乙，乙傳給丙，這種情況其實並不少見。作為一個明顯的例證，近來在報紙上屢屢能看到新的詞彙。某一天甲報紙登載了這個詞彙，乙丙丁的報紙也立刻跟進，最終成為社會普遍用語，任誰都不會覺得奇怪。例如「時髦」（ハイカラ）、「暴發戶」（なりきん）等詞彙就是其中一例。婦女和兒童用語亦是如此，女學生近來頻頻使用「好啊」、「對啊」之類的詞彙，也算是某種習慣的傳播。此外，過去沒有的「實業」一詞如今已成為慣用語，只要說到實業，立刻會聯想到工商業；又如「壯士」，從字面上看來指的應該是壯年人，但今日亦稱老人為壯士，而不會有人覺得奇怪。由此可知習慣具有相當程度的感染性和傳播力，並能從中推論一個人的習慣最終有可能成為天下人的習慣，故對於習慣必須特別留心與自重。

習慣在年少時期尤為重要。就記憶的觀點來說，年少時年輕的頭腦所記憶的事情，大多數在年老之後依舊清晰地存在於腦海之中。若問我最記得什麼時候？那麼當屬少年時期。無論是經書或歷史，年輕時讀過的書籍總是記憶深刻，反倒是近來無論讀多少書，一轉眼就忘記了。因此，習慣在少年時期最為重要，一旦養成就會成為固有的特性，終身不易改變。幼年至青年時期是最容易養成習慣的時期，所以必須在此時培養良好的習慣，使之成為自己個性的一部分。我於青年時期離家流浪天下，養成了較為放縱的生活習慣，導致後來因為惡習纏身而困擾不已；但我每天都提醒自己要有所改善，這才矯正了大部分的壞習慣。知惡卻改不掉，也就是克己之心不夠。根據我的經驗，習慣即使到了老年也必須注重。年少時期養成的壞習慣，只要肯努力的話，即使到老還是可以改變的。尤其身處當今這般日新月異的社會，就更需要有這樣的精神，自重行事。

習慣往往在不意之中形成，但都能夠在關鍵時刻改正。例如習慣晚起的人，平時怎樣都無法早起，但一旦遇到戰爭或火災，再怎麼愛睡懶覺的人也能立刻清醒。由此可知，習慣是可以改變的。那麼人為何會養成這些壞習慣呢？這都是因為人們時常將習慣視為瑣事加以輕忽，以致放任自己。因此無論男女老幼，都務必留心養成良好的習慣。

偉人和完人

史書當中所看到的英雄豪傑，許多其實都缺乏智、情、意三者的平衡。也就是說，雖然意志非常堅強，但智識不足，或是具備意志與智慧，但缺乏情愛等，這種性格在英雄豪傑之中比比皆是。因此無論是什麼樣的英雄豪傑，都稱不上具有健全常識。他們在某方面看起來非常偉大，無疑擁有一般人所不能及的超凡之處，但偉人與完人大不相同。偉人即便在人類應具備的所有性格當中存在缺陷，卻在其他方面超乎凡人，足以彌補；但與完人相比，可謂不全。與此相反，完人是圓滿具備智、情、意三者之人，也就是所謂的有常識之人。我當然希望偉人輩出，但對社會上的多數人而言，反而希望世上充滿完人，也就是期待能有更多健全而有常識之人。偉人的用途並非無限，但完人卻是無論多少，都為社會所需要。在社會各種設施完善發達的現在，如果有更多常識豐富之人，就不會出現任何欠缺或不足。至於偉人則是除了特殊情況之外，並不能滿足這種需求。

許多人在年少時期想法不定，常因好奇而有出人意表的行為。雖然隨著年齡增長會逐漸變得穩健踏實，但在青年時期，多數人的心通常是浮動的。所謂常識，其性質極為平凡，要在喜好奇特怪異的年少時代修養平凡的常識，或許正好與他們的好奇心背道而馳。一般來說，要求年輕人成為偉人會得到許多正面回應，但若是要求他們成為完人，則多數人都會感到痛苦。然而，政治理想的實現寄託於國民的常識，產業的發達進步也大幅仰賴實業家，因此就算再不情願也應該投入於常識的修養。更何況無論是政治界或實業界，比起擁有艱深的學識，真正縱橫其間的反而是那些具有健全常識的人。如此看來，常識之偉大不言而喻。

似是而非的親切

世間經常可以看到冷酷無情、毫無誠意、行動怪異又不認真的人反而受到社會的信任，戴上成功的桂冠。相反地，做事認真誠懇，合乎忠恕之道的人，反而被社會冷落，成為落伍者。天道真的是是非不分嗎？研究這一矛盾，確實是非常有趣的問題。

人的行為善惡，必須對照其動機和行為來考量。就算動機真誠且合乎忠恕之道，但如若行為遲鈍或肆意妄為，則將一事無成。又動機固然是為他人著想，但所作所為卻有害於他人，如此也稱不上是善行。過去在小學課本當中，有一篇以「愛之適足以害之」為題的文章，講述有個好心的孩子看到小雞掙扎著試圖破殼而出，於是剝開蛋殼想要幫助小雞，沒想到小雞卻因此而死。我記得《孟子》當中也有許多相同的例子，雖然不記得準確的文句，但大致上是在說即便為了助人而破門闖入，仍舊是不被容許的行為。此外，梁惠王向孟子問政事，孟子說道：「庖有肥肉，廄有肥馬，民有饑色，野有餓莩，此率獸而食人也。」斷定以政治殺人與持刀殺人無異；在與告子談論不動心論時，孟子說：「不得於心，勿求於氣，可；不得於言，勿求於心，不可。夫志，氣之帥也；氣，體之充也。夫志至焉，氣次焉。故曰：『持其志，無暴其氣』。」這是在說志乃心之本，氣乃心所表現出的結果。即使志為善且合乎忠恕之道，但因一時的惡念，往往會做出違背志的事情。因此，應該保持本心，不讓一時的惡念亂了氣。也就是說為了不做錯事，修養不動心術是非常重要的。孟子自身培養浩然之氣以助此修養，但若是凡人則容易做出錯誤的行為。孟子舉例說道：「宋人有閔其苗之不長而揠之者，芒芒然歸，謂其人曰：『今日病矣！予助苗長矣！』其子趨而往視之，苗則槁矣。」以此批判告子。秧苗的生長原本需要的是澆水、施肥、鋤草，拉拔秧苗根本就是胡來。暫且不論孟子的不動心術是否正確，社會經常出現揠苗助長的行為，這是不爭的事實；想要幫助秧苗成長的動機雖然是好的，但拉拔的行為卻是不好的。擴大思考其中的意義，也就是說即使動機善良且合乎忠恕之道，但若沒有與之相稱的適當作為，便無法受到社會信任。

相反地，即使動機稍有偏頗，但行為機敏且誠懇，足以獲得人們的信任，那麼這個人還是會成功。嚴格來說，不太可能存在作為根本的動機不正但行為正確的道理，但正如以道欺之，聖人也不足為懼，在現實社會當中，比起人心的善惡，更看重其所作所為的善惡；加上行為的善惡也比人心的善惡更容易判斷，因此勤於行善者較容易獲得認同。例如幕府將軍德川吉宗在巡視的時候，看到孝子揹著母親前來瞻仰，於是下賜獎賞；一個素行不良的無賴聽聞此事，也想獲得賞賜，於是借來他人的老母親，揹著她前去瞻仰。正當吉宗公準備打賞的時候，身旁的人提出異議，說此人是為了得到賞賜而假裝孝順。然而吉宗公卻說，即使是可厭的模仿，依舊不失為體恤老人之舉。此外，孟子有云：「西子蒙不潔，則人皆掩鼻而過之。」無論外表是何等傾國傾城的美人，如若身負不潔，任誰也不願意接近；反之，即使內心有如夜叉，但外表娉婷婀娜，人們還是會在不知不覺當中受其迷惑，此乃人之常情。可見比起志之善惡，外在行為的善惡更容易受人注意。因此，巧言令色得志於世，忠言卻逆耳，以致擁有忠恕之志的認真之人往往遭到貶黜，而發出天道是耶非耶的嘆息；相較之下，人前善於奉承的狡猾之人，反而比較容易獲得成功和他人的信任。

何謂真才真智？

凡人立於世，最重要的莫過於增長智慧。無論謀求自身發達或國家公益，若無智識，則無法前進。然而，在此之上更重要的是必須培養人格。所謂人格的修養極為重要，儘管我不清楚人格的定義，但略嫌沒有常識的英雄豪傑當中也偶爾會出現人格崇高之人，這樣看來，人格是否必然與常識一致？我認為一個人要真正發揮作用，於公於私都必須具備真才真智，這樣的人多半確實都具備發達的常識。

所謂常識的發達，首先必須注意自己的境遇。若以文字表述，那就是「人務必要看清楚自己的處境」。這麼說也許不太準確，但由於我不太知道西洋的格言，經常只能引用東洋的經書為例。無論是大事或小事，《論語》當中教導我們注意自我境遇的例子不勝枚舉，可見即便是聖人孔子，也為尋找適合自己的際遇而努力。此外，當境遇不適合自己的時候，他也不屈服。舉例來說，孔子曾向子路說道：「道不行，乘桴浮於海，從我者，其由與？」子路聽到後非常高興，但其實孔子別有用心。由於這是孔子主動提出的問題，子路自然十分欣喜。孔子自己也同樣高興，但子路開心的程度似乎讓孔子認為子路並不了解自己的境遇，反而說出「由也好勇過我，無所取材」加以訓誡。假使子路聽到孔子說乘桴浮於海時雖然高興，卻能顧及孔子的境遇答道：「是啊，這樣也好，但浮於海的材料該怎麼辦才好呢？」或許才能得孔子之意，繼續說要前往朝鮮或日本。又有一次，孔子敦促二、三名弟子言志，子路最先發表意見。他不假思索地表示，若讓自己治理國家，馬上可以讓一國達到太平，孔子聽完後微微一笑。其他人陸續陳述自己的志向，最後孔子敦促正在鼓瑟的曾點發言。曾點表示自己的想法與其他人不同，孔子告知無妨，曾點於是答道：「莫春者，春服既成。冠者五六人，童子六七人，浴乎沂，風乎舞雩，詠而歸。」孔子喟然嘆曰：「吾與點也。」在弟子們離開後，曾點詢問孔子為何笑子路的回答呢？孔子說：「為國以禮，其言不讓，是故哂之。」在孔子看來，治理國家最重要的是禮讓，但子路卻自以為勇氣過人，出言不遜，所以才會笑他。話雖如此，孔子有時也會說些極為自負的話。例如當桓魋要殺孔子的時候，門生們非常害怕，孔子卻說：「天生德於予，桓魋其如予何？」淡然面對自己的境遇。又有一次孔子前往宋國，回程被大批人馬包圍，差一點遭遇不測。這時門生皆憂心忡忡，但孔子說道：「天之將喪斯文也，後死者不得與於斯文也；天之未喪斯文也，匡人其如予何？」泰然處之，一點也不擔心自己的安危。還有一次，有人因孔子「入太廟，每事問」而感到奇怪，說道：「誰說鄹人之子（孔子）懂禮？入太廟，每事問。」孔子於是回答道：「是禮也。」也就是說，每事問才是知禮的表現。清楚認識到自己的境遇和地位，正確地活用道理，這也是孔子之所以能夠成為至聖的唯一修養方法。如此看來，即便是孔子，也要根據情況隨時留意細節，故能成為聖人。因此，雖然不可能人人都成為孔子這般的聖賢，但只要能夠正確認清自己的境遇和地位，出人頭地應該不是難事。然而，世上有許多人背道而馳，只要得勢，便立刻忘了自己的境遇，而做出不合本分的事；又或是只要遭遇困難，立刻自失地位而頹喪不堪。勝驕敗餒可說是凡庸之人的常態。

動機與結果

我一向討厭動機不正的輕薄才子。即使行為如何巧妙，我也不願與沒有誠意的人為伍。然而，人不是神，想要看透一個人的動機並不容易。姑且不論動機好壞，人很容易受到投機取巧之人所利用。正如陽明學所說的知行合一或良知良能，凡有所思，必定會反映在自身的行為上，若動機為正，則行為也善；若行為惡，則動機亦惡。但在我這個外行人看來，即使動機為正，行為也有可能是惡；行為善，動機也有可能是惡。雖然我對於西洋的倫理學和哲學知之甚少，僅根據四書和宋儒的學說對人性論和處世之道略有研究，但關於我上述的意見，卻意外與倫理學家包爾生（Friedrich Paulsen）的倫理學說不謀而合。根據其所言，英國倫理學家穆爾海德（John Henry Muirhead）主張只要動機為善，即使結果為惡也無妨。這是所謂的動機學說，並舉例克倫威爾（Oliver Cromwell）為了拯救英國的危機，斬除昏庸的君主查理一世，獨掌大權，在倫理上並不能算是惡。至於今日被奉為真理而受到歡迎的包爾生學說則認為必須針對動機與結果，也就是所思與所為的程度及性質進行仔細的衡量。例如，即便同樣是為國而戰，有些是為了擴張領土，有的則是關乎國家存亡而不得不戰。作為掌權者，就算是為了國家和國民，如果沒有擴張領土的必要卻錯估開戰的時機，那麼掌權者的行為就是惡；但如果有勇無謀的戰爭因為開戰的時機適宜而連戰連勝，大大奠定富民強國的基礎，那麼其行為不得不說是善。上述的克倫威爾也是同理，所幸最終拯救了英國的危機，他的行為才被認定為善。若徒有熱烈的動機，最後卻招致危害國家的結果，就不得不判斷其行為屬惡。

我不清楚包爾生的學說究竟是否為真理，但比起動機善，行為必善的穆爾海德學說，衡量所思與所為之後再來判斷善惡的學說對我來說更加正確。

我經常將接見客人、回答他們的問題當作自己的義務，即便是同一件事情，仔細去做與被要求而心不甘情不願地去做，動機完全不同。另一方面儘管動機相同，根據時機和情況也會影響事態的發展。換句話說，正如土地有肥瘠，氣候有冷暖一般，每個人的思想和情感亦不相同，因此即使擁有相同的動機，也會因人而異迎來不同的結果。故判斷一個人行為的善惡時，必須充分參酌其所思與所為的程度和性質。

人生在於努力

我今年（大正二年，一九一三年）已是七十四歲的老人。因此，數年來我以盡量避免雜務為方針，但卻依舊不得閒，甚至繼續管理我一手創立的銀行，就算年老也依然活躍。所有人無論老少，如果失去進取之心，就會停止進步發展；同時，由這些無進取心的國民所組成的國家，終究無法繁榮發達。我平時以進取自勉，一日也不曾怠忽職守，每天早上不到七點便起床，認真會見來訪者。無論有多少人，只要時間允許，我都會盡量接見。

像我這般七十多歲的老人姑且不敢懈怠，青年們就更應該進取。怠惰終究是怠惰，絕不會有好結果。儘管坐著看起來比站著工作輕鬆，但長久下來膝蓋會痛；有人以為不然躺著更舒服，但久而久之腰也會出毛病。怠惰的結果還是怠惰，而且會愈來愈糟糕。因此，人必須養成良好的習慣，也就是勤奮努力的習慣。

世人經常說必須提升智力，或是了解時勢。知時擇事，尤其需要提升智力，也就是需要修養學問。話雖如此，但無論智力如何充分，如果不加以發揮則毫無用處。所謂發揮智力，也就是努力付諸行動，否則就算有千百的智慧也無法活用。而且這般努力並非一時，必須終身上進才能獲得滿足。上進心愈強的國家愈強盛，相形之下愈怠惰的國家則愈衰弱。我國的鄰國支那，正是不上進的最佳例子。因此，一人上進，則一鄉薰染此良風；一鄉上進，則一國形成如此好風氣；一國上進，則天下皆仿效。每一個人都要記住，不僅是為了自己，也要為一鄉一國乃至天下而上進。

人能夠成功的要素之一是智力，也就是需要學問。但如果以為只憑智力就可以獲得成功，此乃一大誤解。《論語》當中，子路曾說：「有民人焉，有社稷焉。何必讀書，然後為學？」這是孔子的門生子路所說的話。對此孔子答道：「是故惡夫佞者。」意指不該空有言論而不去付諸實行。對於子路之言我認為可能的解釋，便是絕不能以為坐在書桌前讀書就是做學問。

總而言之，事在平時。舉例來說，就好像是醫生和病人的關係。如果平常疏於注意衛生，等到生病的時候才急忙投醫，以為治病是醫生的職責，隨時都會提供治療，那可是大錯特錯。醫生一定會勸人平時就要多加注意衛生。因此，我在此勸告所有人，希望各位在不斷上進的同時，也不要忘了隨時留意身邊的事物。

就正避邪之道

對大部分的事情都能夠決定「要這樣做」或「不要這樣做」，這種明白正邪曲直的人通常可以立刻做出有常識的判斷，卻有時也會力不從心。例如聽信以道理為擋箭牌的花言巧語，在不知不覺當中走上與自己平時主張相反方向的歧路，導致自己的本意在無意之間消失。能在這種情況下依然保持冷靜的頭腦自我警惕，正是鍛鍊意志的要務。萬一遇上這種情況，只要將對方所言訴諸常識，試著自問自答即可。由此便能明確意識到如果按照對方的話去做，雖然可以獲得一時的利益卻對日後不利，又或是這種處置方式雖然對現在不利，但對將來有利。面對眼前的事情若能如此自省，回歸本心絕非難事，也能就正避邪。我認為這正是鍛鍊意志的手段和方法。

同樣是鍛鍊意志，也有善惡之分。例如石川五右衛門[1]，他可說是經歷邪惡的意志鍛鍊，對於行惡的意志極度堅決。雖說人需要鍛鍊意志，但沒有必要鍛鍊邪惡的意志；儘管我沒有要立說的意思，但如果以背離常識的方法鍛鍊，難保不會出現像石川五右衛門這樣的人。因此，鍛鍊意志的目標首先是以常識判斷，之後才行事，這一點非常重要。以如此方式鍛鍊出來的心待人處事，想必不會出錯。

這樣看來，鍛鍊意志需要具備常識，至於如何培養，別章已有詳細闡述，在此僅簡單說明。常識的根本應以孝悌忠信的思想為依據，我相信所有事情只要秉持由忠孝組成的意志按部就班地進行，並經過深思熟慮後做出決斷，意志的鍛鍊也就無懈可擊。然而，有時事情不容深思熟慮，突然發生，或是與人面對面的時候必須當場做出某種回答。這種情況下由於沒有足夠的時間思考，勢必得當機立斷，要是平時不注意鍛鍊的人，將很難做出適當的決定，極有可能在衝動之下造成與違背本心的結果。是故平常就該多加鍛練，甚至最終成為習慣，達到面對任何事都能不動聲色的境界。

名言佳句

子曰：「德之不脩，學之不講，聞義不能徙，不善不能改，是吾憂也。」（《論語．述而》）

（語譯）孔子說：「不修養品德、不鑽研學問、學習道義卻不能實踐、不能及時改正錯誤，這就是我所擔憂的。」

1. 石川五右衛門（一五五八—一五九四），是一位活躍於日本安土桃山時代的義賊。其生平事蹟不詳，被捕後遭秀吉處以烹殺之刑。

仁義與富貴

真正的謀利之道

到底應該如何看待實業呢？當然，世上的商業和工業都是為了圖利。如果工商業不具有增加利潤的功效，工商業也就變得沒有意義，更無法帶來任何公益。話雖如此，如果只在乎謀求自身的利益而完全不顧他人，結果又會如何呢？聽起來似乎很深奧，但要是這種情況真的發生，就會如孟子所言「何必曰利，亦有仁義而已矣」、「上下交征利，而國危矣」，以及「苟為後義而先利，不奪不饜」。因此我認為，真正的利益若沒有以仁義道德為基礎，絕對無法永久持續，儘管這麼說也許會陷入薄利、去人欲等太過偏於尋常之外的想法。雖然秉持這種觀念考慮社會利益是一件好事，但一般來說人都是為了自己的利益而行動。如果欠缺仁義道德，社會就會逐漸衰微。

這些話聽起來雖然有點學究，但支那的學問當中，千年前的宋朝學者所經歷的路程與現在最為接近。他們在提倡仁義道德的時候，捨棄了循序漸進的想法而淪為空談，以去除利欲之心為佳，結果造成個人消沉、國家衰弱。宋朝末年遭到元入侵，戰禍不斷，最終被屬於蠻夷的元取代，實屬悲慘。顯然僅有理論的仁義會損傷國家的元氣，削弱生產力，最終甚至走向滅亡。由此可見，仁義道德要是弄錯也有可能導致亡國。既然如此，主張謀利，只顧個人利益有何不可？行事不顧及周圍，當時的元朝就是如此。不顧他人，只要自己好就好；不顧國家，只要自己好就好。最終，國家喪失一切權利，名聲掃地。在思考個人發展的同時也能顧及國家的人少之又少，宋朝因為前述的仁義道德而亡國，而如今卻不得不說因利己主義而危及自身。這個道理不僅限於我們的鄰國，其他各國亦是如此。換句話說，只有在謀利和重視仁義道德並行不悖的情況下，國家才能健全發展，個人各得其宜，增進財富。

舉例來說，試想石油、製粉，或人造肥料等工業如果沒有謀利的觀念，一切任其自由發展，這些事業絕對不可能發達，也明顯無法增進財富。假設這些事業與個人的利害無關，無論賺錢或賠錢，都不會影響自己的幸福；如此一來，事業就不會有任何進展。反之如果是自己的事業，就會想要追求業務的增長，這是不爭的事實。如果這樣的觀念凌駕於其他觀念之上，抑或是不了解社會趨勢、不察實情，只求個人好就好，結果必然是大家同遭不幸，就連只想著獨自獲利的自己也必定會蒙受苦果。在過去尚不發達的時代，也許還有僥倖之事，但隨著社會進步，所有事情都必須遵照既有的規則進行，如果還是只想著獨善其身，例如通過火車站剪票口的時候每個人都搶著自己先過，擠在狹窄的剪票口前，最後會變成誰也過不去，大家一起陷入困境。透過這個切身的例子，相信各位都可以領會到，只考慮自己是無法增進自身利益的。我希望人們隨時保持追求物質進步和增殖的欲望，但這個欲望必須本著道理行事。這裡所謂的道理應當與仁義德並行，同時與欲望緊密結合，否則很有可能會如前述陷支那於衰弱一般，淪為空談。此外，無論有多少欲望，一旦違背道理，最終依舊會招致貪得無厭的不幸。

效力的有無因人而異

自古以來就有許多關於金錢可貴、必須珍惜的格言或諺語。有人在詩中寫道：「世人結交須黃金，黃金不多交不深」，可見黃金被認為具有支配友情這種形而上精神的力量。崇尚精神、鄙視物質是東洋自古以來的風俗習慣，而黃金居然可以左右友情，人情的墮落令人堪憂，甚至感到心寒。然而，這是我們在日常生活當中經常遇到的問題。例如，聯歡會的時候必然會相聚用餐，這是因為飲食有助於友情的交流；對於久別的朋友來訪，如果沒有提供酒食，也難以變得熱絡。於是乎，這些都與金錢有關。

俗話說「錢使阿彌陀發光」，只要投十錢，就展現十錢的光芒，投二十錢，則展現二十錢的光芒。另外像是「有錢能使鬼推磨」聽起來或許有些諷刺，但足見金錢的效能之大。舉個例子來說，前往東京車站買車票時無論是何等的富豪，如果買了三等的車票，就只能坐三等車廂；相反地，無論多麼貧窮，只要買了頭等車票，就能坐頭等廂。這完全是金錢的效能所致。總而言之我們必須承認，金錢具有無可撼動的強大力量。雖然就算花再多錢也無法讓辣椒變甜，卻可以用大量的砂糖消除辣味；平時刻薄冷漠的人，為了錢馬上變得和藹可親，此乃世間常見之事，在政治界更是屢見不鮮。

這樣看來，金錢實在威力不凡。然而，金錢本無心，善用或惡用，完全取決於使用者的心。關於這一點，我經常提起昭憲皇太后下面這首和歌，著實令人感佩敬服：

人心不同各如其面
黃金是寶亦能成仇

世上的人很容易惡用金錢，古人也常因此加以告誡，如「匹夫無罪，懷璧其罪」、「君子財多損其德，小人財多增其過」等。《論語》亦曾說「不義而富且貴，於我如浮雲」、「富而可求也，雖執鞭之士，吾亦為之」，《大學》則有「德者本也，財者末也」之語。這類的格言不勝枚舉，但其意義絕非是要我們輕視金錢。人生在世，如果想要成為一個完滿之人，首先必須對金錢有所認識。從上述格言當中可以看出，金錢在社會上具有的效力需要經過審慎考慮。過分重視金錢也是一種錯誤，但也不宜過於輕視。這也就是孔子所說的「邦有道，貧且賤焉，恥也；邦無道，富且貴焉，恥也」。孔子絕非鼓勵貧窮，只是認為「不以其道得之，不處也」。

孔子的貨殖富貴觀

過去儒者誤解孔子的學說，當中又以富貴觀念和貨殖思想最甚。根據他們對《論語》的解釋，「仁義王道」與「貨殖富貴」二者水火不容，認為孔子主張「富貴者無仁義王道之心，若想要成為仁者，就要捨棄富貴之念」。然而，我尋遍《論語》二十篇，找不到任何代表這種意思的字句；不僅如此，孔子反而是朝著貨殖之道立說。只因孔子是從片面闡述，儒者無法了解全局，以致傳遞了錯誤的觀念。

舉例來說，《論語》當中有這麼一句話：「富與貴是人之所欲也，不以其道得之，不處也；貧與賤是人之所惡也，不以其道得之，不去也。」這段話一般被認為是輕視富貴，但事實上孔子是從側面說明，只要仔細思考就可以發現，當中完全沒有鄙視富貴的意思。這句話的主旨在於告誡人們不要沉迷於富貴，若因此就認為孔子厭惡富貴，可謂荒謬至極。孔子想說的是，富貴如果不合乎道理還不如貧賤，如果是順著道理所獲得的富貴則無妨。如此看來，孔子完全沒有鄙視富貴，推崇貧賤之意。若要正確解釋這段話，最重要的是把焦點放在「不以其道得之」。

再舉一個例子。《論語》有云：「富而可求也，雖執鞭之士，吾亦為之。如不可求，從吾所好。」這句話一般被解釋為鄙視富貴，但以正確的角度來看卻沒有任何貶低富貴之意。所謂「若能求得富貴，我甘願成為卑微的執鞭之人」，指的是必須依循仁義正道來求得富貴，也就是說必須注意這句話含有「行正道」的意思。至於下半句則是說「如果不能以正當的方式求得，則不留戀財富。與其用奸惡的手段累積財富，不如安於貧賤而行正道」。因此，不合乎正道的財富應當捨棄，但這並不等於孔子偏好貧賤。總結來說，由於這二句話的含意是「只要行正道，就算是執鞭之人亦可累積財富；但如果要用不正當的手段獲取財富，不如安於貧賤」，因此千萬不能忘記話中其實包含要用「正當方法」的意思。像這樣斷定孔子為了致富也不會排斥卑賤的執鞭工作，恐怕會讓世上的宋儒學者瞠目結舌，但事實就是事實，畢竟這是孔子自己說的話，不容爭辯。孔子所說的富，是絕對正當的富。對於不正當的富，或不合乎道理的功名，抱持的是「於我如浮雲」的態度。然而，後儒不察二者之間的區別，只要說到富貴或功名，無論善惡，一概視之為惡，實在太過輕率。若是合乎道理的富貴功名，就連孔子本人也會努力爭取。

防貧的第一要義

過去，我認為濟貧事業必須從人道或經濟角度切入，但時至今日我發覺還必須從政治上著手。我的友人幾年前曾前往歐洲考察救濟貧民的方法，約花費一年半的時間後回國。由於我曾在這件事上出了點力，因此在他回國之後召集了一些志趣相同的人，請他做一場報告演說。據其所言，英國為了完成這番事業，苦心經營了將近三百年，直至今日才好不容易步上軌道。此外，丹麥比英國更有斬獲，法、德、美各國也以各自的方式致力解決貧民問題，沒有絲毫猶疑。愈是了解海外的情況，就愈讓我們覺得應該要更加致力於這個長久以來試圖解決的問題。

在報告會上，我也對與會的友人發表自己的意見。那就是：「無論從人道或經濟面來看，救濟弱者都是必然之事。就算從政治上來說，也不能忽視對弱者的保護。然而，這不代表放任他們遊手好閒，而是要講求盡量避免直接保護的防貧方法。減輕與一般平民直接利害相關的賦稅，無疑是方法之一；此外，例如解除鹽的專賣，也是一個好方法。」這場集會是由中央慈善協會舉辦，諸位會員也都對我的意見表示理解，現在正從各方面調查可行的方案。

即使是自己費盡苦心所累積的財富，但如果將財富視為一人所有，可謂大錯特錯。簡單來說，人只靠自己是什麼事也做不了的，而是仰賴國家社會的幫助才能獲得利益，才能安全生存。如果沒有國家社會，任何人都不可能滿足地生活。如此看來，財富愈多，接受社會的助力也愈多。因此，為了報答社會的恩惠，從事救濟事業顯然是理所當然的義務，必須盡量為社會貢獻一己之力。恰如「己欲立而立人，己欲達而達人」這句話所說，正因為愛自己的觀念強烈，更應該以同樣的程度關愛社會。世上的富豪首先都必須領悟到這一點。

今年秋天，天皇陛下慈悲為懷，史無前例地頒發救濟金給貧窮者。對此皇恩浩蕩的聖旨，富者應當自動自發，苦思如何才能報答聖恩的萬分之一。此乃三十年來我未曾忘記的夙願，終於在今日邁向實現。正因為這是我長久以來的掛念，因此在聽到聖旨的時候，頓感前途一片光明，心中的喜悅不言而喻。然而，現在應該掛心的是該用什麼方法救濟。救濟必須適當，把乞丐養成富豪，這樣的慈善不是慈善，救濟不是救濟。另一點值得注意的是，富者雖然為了響應陛下的心意而投資慈善事業，但有目的的慈善、為了虛榮的慈善其實並不可取。這樣的慈善救濟事業缺乏誠意，反而容易創造出一些惡人。總而言之，希望諸位富豪伏思陛下的仁慈之心，完成自己對社會的義務，這才稱得上是真正地承奉聖旨。如此一來，也才能在維持社會秩序和國家安寧方面做出貢獻。

金錢無罪

正如陶淵明有詩：「盛年不重來，一日難再晨」，朱子也告誡：「少年易老學難成，一寸光陰不可輕」，青年時代常沉溺於空想之中，也容易陷入誘惑，時間有如作夢般稍縱即逝。我們的年少時代過得飛快，光陰就在想著還有明天之中如箭般飛逝；到了今日，即便後悔也無濟於事。奉勸各位年輕人務必以此前車為鑑，不要重蹈我等後悔之輒。各位的努力對於國家未來的命運影響深遠，一向有此覺悟之人，也要更加堅定努力的決心。

重新下定決心之際雖然有許多地方需要注意，但尤其要留心金錢問題。隨著社會組織愈來愈複雜，就連過去也有所謂「無恆產者無恆心」，因此愈是面對繁複的世務，就更應該對金錢問題有所覺悟，以免陷入意外失敗所造成的過失。

金錢當然珍貴，但同時也是卑賤之物。以珍貴之處而言，金錢是勞力的代表，按照約定俗成，大致上的東西都可以用金錢作為代價計算。這裡所說的金錢不僅是金銀、貨幣、紙幣等通貨，而是泛指所有能夠作為代價的財物。因此，金錢可說是財產的代稱。我曾拜讀昭憲皇太后的御歌，當中有一首和歌如此寫道：「人心不同各如其面，黃金是寶亦能成仇。」這可以說是對於金錢最適切的評價，著實令人欽佩。從過去支那人留下的文籍中可以看出，鄙視金錢的風氣曾經盛行。如《左傳》當中寫道：「匹夫無罪，懷璧其罪。」又或是《孟子》引用了陽虎的話：「為仁不富，為富不仁。」都是其中一例。

陽虎並非值得敬佩的人物，但這句話在當時被認為是至理名言而廣為流傳。此外，我還曾在漢籍當中看到「賢而多財則損其志，愚而多財益增其過」一類的句子。總體而言，東洋自古以來的風俗普遍極度鄙視金錢，認為君子應該遠離，小人應該畏懼。而之所以如此，是為了矯正世俗貪得無厭的弊病，以致於極端貶低錢財。以上所述，各位年輕人務必謹慎留意。

我根據自己平生的經驗有一套獨自的觀點，即「論語與算盤應該一致」。我認為孔子在懇切教說倫理的同時，也相當看重經濟。《論語》當中這樣的言論隨處可見，尤其《大學》更講述了生財之大道。治世為政當然需要經費，一般人民衣食住行的需求也與金錢有所連結；因此，經濟與道德必須調和。我作為一個實業家，為了推動經濟和道德的一致，經常以簡明的方式說明論語與算盤調和的重要性，引導一般人謹記在心。

過去不僅是東洋，鄙視金錢的風俗也曾在西洋盛行。這是因為談到經濟，總是以得失為優先，有時被認為會損害謙讓或清廉等美德，容易令凡人誤入歧途，因而為了嚴加警惕，才出現鄙視金錢的說法，進而成為一股風氣。

我記得某報曾引用亞里斯多德的話，大意是在說「所有的商業皆是罪惡」。此話相當極端，但仔細想想，所有伴隨得失的事情都容易讓人受到利欲迷惑，自然有可能偏離仁義之道，而為了警戒這個弊害，所以才選擇了如此極端的說法。人性的弱點莫過於傾向重視物質而非精神，會因此產生過度重視物質的弊害也是無可奈何之事。而且愈是思想幼稚且道德觀念薄弱之人，愈容易陷入這樣的弊害之中。由於過去社會整體而言相對缺乏智識加上道義心淡薄，想必有許多人為了得失陷入罪惡之中，才使得鄙視金錢的風氣更盛。

比起往昔，今日社會的智識明顯發達，思想高尚的人也愈來愈多。換言之，正因為人格普遍提升，對於金錢的想法有所進步，不僅以正當手段獲得收入，用善良的方法使用金錢的人愈來愈多，對金錢也有了更公平的見解。然而如前所述，利欲之念是人性的弱點，一不留神就會產生以財富為先、道義為後的弊病。過於重視金錢的結果會以為金錢萬能，忘了精神面的重要性，成為物質的奴隸。雖然說責任在個人，但若因為害怕金錢帶來的禍害就鄙視其價值，只會重新回到亞里斯多德的言論。

所幸隨著社會的進步，對於金錢的意識也出現改變，利益與道德不相背離的傾向日增。尤其在歐美，「真正的財富應取自正當活動」的觀念逐漸確立，期盼我國的各位青年也能對此有所體悟，避免陷入金錢的禍害之中，同時更加努力與道義為伍，發揮金錢真正的價值。

濫用金錢力量的實例

世間一般說到「御用商人」，就好像談及某種罪過一般，總帶著厭惡的情緒加以看待。這個詞彙本身似乎具有貶意，如果我等也被稱作御用商人，實在很難感到愉快。在一般人眼中，御用商人是用金錢的力量諂媚權勢之人，缺乏廉潔正直的特質，對此我感到相當遺憾。據我所知，無論是海外還是國內的商人，許多都擁有相當優秀的能力，既通情達理，更看重榮譽、講求信用。這些有自省能力的人，必定會明辨是非善惡，即使官府的人提出不正當的要求，也不會輕易答應。儘管有時為了省去某些麻煩，除了正當買賣之外，可能會有輕微的越軌行為，但如海軍收賄事件[1]這般大規模的惡行，若非雙方皆心存邪念，則不可能發生。即使一方行賄，如果另一方不接受，那也無計可施；就算居心叵測的官員以委婉或露骨的方式要求行賄，作為御用商人的實業家如果是本著良心、重視信譽的人，也絕不會回應這樣的要求。縱然不得已撤銷交易，也應該阻止這樣的罪惡發生，我確信這是我們身為商人必須做到的事。

從海軍收賄的事實來看，舉凡軍艦、軍需品等，據說在交貨時都涉嫌行賄，且不僅限於「西門子」這間公司；主要物品的採購，幾乎都伴隨賄賂行為。除了海軍，同樣的情形也發生在陸軍。更甚者，所採購的物品品質比表面的價格低劣許多，都是一些有缺陷的東西，讓人疑惑到底為什麼會發生這樣的事？實在令人感慨。《大學》當中有這麼一句話：「一人貪戾，一國作亂。」雖然這並非專指貪欲或者收賄，但若任憑收賄貪污之人恣意妄為，最終發展成震驚天下的大事，想來只覺得可怕至極。

過去我以為這種進行不當贈賄的實業家只存在海外而不見於日本，然若日本的實業家當中也有如海外這般行為不正之人，實在令人遺憾。也許是因為如此，當三井公司的人也因為涉嫌行賄遭到逮捕的時候，我甚感痛心之至。依我所見，之所以發生這樣的事情，是因為將仁義道德和生產利益分開思考所致。如果生產利益需要根據正道謀取的觀念能夠成為實業家的信念，姑且不論外國人，我們可以自豪地說，日本的實業家當中沒有如此行為偏差之人。即使對方因為利欲薰心，透過暗示自己做了什麼事來要求回報，或者使眼色甚至露骨地以言語表達，也必須斬釘截鐵地回答這是違背正義的行為而加以拒絕。如果能以這樣的決心做生意，勢必不會受到任何引誘。在此，我痛切地感受到提高實業家人格之必要。假使實業界無法杜絕不正當的行徑，便無法指望國家安全，對此我深以為憂。

確立義理合一的信念

社會上有許多事在帶來利益的同時，必然會伴隨著弊害。輸入西洋文明一方面雖然為我國文化貢獻良多，卻也不免產生弊端。也就是說，我國吸納世界的事物儘管受其恩澤、享受幸福，但世界上新的毒害一起流入日本也是不爭的事實，如幸德秋水[2]這幫人所懷抱的危險思想顯然就是其中之一。從古至今，我國都不曾有過如此惡逆的思想；然而今日之所以出現這樣的思想，乃是因為我國以世界為立國的基礎，雖然是情非得已，但對於我國而言，這是最可怕也是最忌諱的病毒。我們身為國民的責任，就是必須採取治療此病毒的根本之策。根治這種病毒的方式主要有兩種，其一是直接研究疾病的性質和原因，對症下藥；其二則是盡量強健身體各個器官，養成即使遭到病毒入侵也能立刻排除病菌的體質。然而，若要以我們的立場來看應該採取哪一種方式，研究這種惡逆思想的病源和病理並尋求治療方法，只怕原本就不是從事實業之人的職責。我們應該做的，反而是幫助國民平時的養生，讓所有民眾都能培養強健的身體，無論遇到什麼病毒都不會受到侵害。我將我所認為的治療法，亦即遏止危險思想的對策分享於此，希望能藉此敦促一般人，特別是諸位實業家深思。

我經常談論到自己平時的主張，也就是認為過去由於生產謀利與仁義道德的結合不充分，因而像是「為仁不富，為富不仁」、「就利遠仁，據義失利」這般將仁與富視為互不相容的觀點甚是不妥。這種解釋之下最極端的結論，便是投身生產謀利之人沒有顧及仁義道德的責任。多年來我對此深感痛惜，簡單來說，這是後世學者的罪過。正如前面曾多次描述，孔孟教導的是「義理合一」，這一點只要讀過四書，便能立刻明白。

若舉出後世儒者誤會孔孟之意的其中一例，宋代大儒朱子在〈孟子序說〉當中強調：「外邊用計用數，假饒立得功業，只是人欲之私。與聖賢作處，天地懸隔。」以此貶斥貨殖功利。如果進一步思考這句話，會發現其實與亞里斯多德所說的「所有的商業皆是罪惡」有異曲同工之妙。換句話說，一切的結論將歸結於仁義道德是仙人等級的行為，因此投入生產謀利的人，就算將仁義道德置身事外也無妨。這樣的解釋絕非孔孟之教的精髓，只不過是閩洛派儒者捏造出來的妄說罷了。然而，這種論點在我國自元和、寬永時期（一六一五—一六四五）開始盛行，甚至到了論學問則除此學說外別無他說的地步。只可惜這個學說不知道帶給今日社會多少弊病。

誤解孔孟教義的結果，使得從事生產謀利的實業家幾乎都以利己主義為本，心中既無仁義，也無道德，甚至不惜鑽法律漏洞也想要獲利。今天有許多所謂的實業家都只顧著自己賺錢而不把其他人或社會放在心上，陷入如果沒有社會或法律的制裁，他們甚至有可能出手強奪的不堪狀態。如果這種狀態持續，不難預想將來貧富的差距會日益擴大，社會淪落至卑鄙無恥的地步。這完全是誤解孔孟教誨的學者跋扈數百年所造成的遺毒。尤其隨著社會進步，實業界的生存競爭變得愈來愈激烈可說是必然的結果；在這種情況下，如果實業家仍沉溺於滿足私利，不管世間會變得如何只要自己獲利就好，社會將變得愈來愈不健全，令人厭惡的危險思想必會逐漸蔓延。如此一來釀成危險思想的罪過，終究有部分必須由實業家承擔。因此為了幫助社會匡正這一點，我們的職責便是積極採取以仁義道德推動生產謀利的事業方針，努力建立義理合一的信念。世上獲取財富的同時又能行仁義的例子比比皆是，對於義理合一的存疑必須從此時此刻起加以根除。

富豪與德義上的義務

說我不服老也好，一片婆心也好，即使到了這把年紀，我依舊為了國家社會不斷奔波。人們會來我家跟我訴說各種事，卻不見得都是好事。除了請我捐款、向我借資本或學費等，也有許多人提出不合理的要求，但我仍一一會見。社會如此廣闊，有賢者也有偉人；若是因為怕麻煩，或是覺得會有不善之人前來而一概拒絕往來，那麼不僅對賢者失禮，也無法善盡對社會的義務。因此，我無論對誰都不會設限，以十足的誠意和禮貌相待。但面對不合理的要求我還是會拒絕，對於自身能及之事則盡力而為。支那自古有云：「周公三吐哺，沛公三握髮[3]」，也就是說大政治家周公吃飯時若有客人來訪，就會吐出口中的食物停止進食，好好迎接對方，等客人回去後才繼續吃飯；若是又有新的客人來，便會再次吐出食物接見。他曾經一頓飯之間吐哺三次接見客人，可見他有多麼地禮遇來客。另一方面，沛公是開創漢代四百年基業的高祖，他也效法周公奉行廣納賢者的做法，早朝梳洗時若有客人來訪，便會停下來接見客人。三握髮指的是三度暫停梳髮接見客人，展現歡迎來客之意。我當然不能與周公和沛公的賢能相比，但在廣納賢者這一點，無論是誰我都樂於會見。然而，社會上有許多人都嫌見客是件麻煩事。特別是被稱作富豪或名士階級之人，對於會客更是百般嫌棄，但如果只因為嫌麻煩或提不起勁而不去做，就無法對國家社會履行德義上應盡的義務。

前些日子，我會見了某位富豪大學剛畢業的公子。由於他即將踏入社會，於是希望我提醒他要注意哪些事。我當時一開始就先說道：「我講這些話，你的父親可能會在背後罵我多管閒事。」接著才繼續說下去。

「今日的富豪都非常消極，對於社會極為冷淡，這一點令人頭痛。即使是富豪，也不是光靠自己就能賺錢，說到底，是社會讓他們賺錢的。例如當擁有許多地皮的人因為空地太多而傷腦筋，便會靠著向社會上的人出租土地以收取租金。多虧這些人努力工作掙錢讓事業蒸蒸日上，空地因此被填滿，地價亦隨之高漲，地主才能賺錢。所以富豪必須要有自覺，了解自己之所以能有現在的地位，乃是社會的恩惠。對於社會救濟或公共事業等，如果這些富豪能夠主動參與，社會就會日趨健全，自己的資產運用也會更加穩健。但如果富豪不關心社會，以為不需要社會也能維持財富，因而對公共事業和社會救濟置若罔聞，就很有可能與社會大眾發生衝突。埋怨富豪的聲音最終極有可能轉向社會主義，造成罷工，最終招致莫大的損失。因此在創造財富的同時，也必須常時意識到社會的恩惠，不可忘記對社會履行德義上的義務。」

說這種話也許會被富豪憎恨，但實際上就連我們也盡力做到上述的道理，世間的富豪卻異常消極，讓人困擾。先前，我曾對某位富豪說：「你們不肯多參與這個社會，實在讓人困擾。」結果得到的答案是因為太麻煩。只因麻煩而退縮，這麼一來無論我們再怎麼熱心奔走，事情也不會有所進展。我等現在正在計劃建設明治神宮的外苑，除了在代代木和青山附近打造如一座宏偉公園般的設施，再建造一個能夠永傳帝國中興英主——明治先帝之遺德的圖書館，以及各種教育和娛樂機構，而這樣的計畫需要約四百萬日圓的費用。從社會教育的角度來看，我相信這的確是非常有意義的事業，但要籌措這筆費用並不容易。此時正需要岩崎先生和三井先生[4]的支持，作為回饋社會的道德義務，也希望社會上的大富豪們能夠為公共事業多盡一分心力。

會賺錢也要會花錢

「錢」是現在世界通用貨幣的通稱，也是各種物品的代表。貨幣之所以特別方便，是因為可以換得任何東西。太古時代以物易物，現在只要有貨幣，任何東西都可以隨心所欲地購買。貨幣之所以貴重，在於它本身所代表的價值，因此貨幣的首要條件便是本身實際價值必須與物品的價值相等。如果僅是稱呼相同，那麼當貨幣的實際價值減少時，物價就會上漲。其次，貨幣亦便於分割。假設這裡有一個一日圓的茶杯，即使想要分給兩個人也沒有辦法，畢竟不可能切成兩半，分成各五十錢；但貨幣卻可以辦到，如果想要一日圓的十分之一，可以利用十錢的硬幣。貨幣同時也能決定物品的價格，若是沒有貨幣，將很難明定茶碗和煙灰缸的等級。如果說一個茶碗十錢，一個煙灰缸一日圓，就代表茶碗相當於煙灰缸的十分之一，由貨幣決定了兩者的價值。

總而言之，金錢確實珍貴。不僅青年們十分渴望，所有的男女老少都莫不珍惜金錢。如前所述，貨幣是物品價值的代表，因此必須和物品同樣受到珍視。過去曾有一人名叫禹王，無論再小的東西也絕不浪費；此外，宋代朱子曾說：「一粥一飯，當思來處不易；半絲半縷，恆念物力維艱。」即使是一寸的線頭、半張紙屑，或是一粒米，也不可隨便浪費。關於這一點還有這麼一段佳話：英格蘭銀行有一個名叫吉爾伯特的名人，年輕的時候去銀行面試，離開的時候發現地上掉了一根針。吉爾伯特立刻將其撿起，銀行的面試官看到後叫住他，問道：「你剛才好像從地上撿了什麼東西，是什麼呢？」吉爾伯特毫無怯色地回答：「地上掉了一根針，撿起來我還可以使用，要是就這樣留在地上太危險了，所以才撿起來。」面試官對此十分讚賞，又問了他許多問題，覺得吉爾伯特真是一位思慮深遠、前途無量的青年，於是錄用了他。後來吉爾伯特成了一位大銀行家。

總的來說，金錢是彰顯社會力量的重要工具，因此珍惜金錢乃是正當之事，在必要的時候消費當然也是好事。賺錢和花錢皆能活化社會，進而促進經濟進步，這是有為之人應留心之事。真正擅於理財的人除了會賺錢，也必須懂得花錢。懂得花錢的意思指的是正當的支出，也就是善用財富。良醫在重大手術中救病患一命的手術刀，如果握在瘋人手裡，就成了傷人的道具；孝養老母所需要的麥芽糖，若是落入賊人之手就成了消除門樞開閉聲響的偷盜工具。因此我們必須謹記金錢的珍貴，加以善用。事實上，金錢可貴亦可賤，取決於擁有者的人格；然而世人往往曲解了珍視金錢的意思而吝惜過度，這才是真正必須注意的問題。對於金錢除了警惕浪費，更應該小心吝嗇。要是只知道賺錢而不懂花錢，走向極端就很可能成為一個守財奴。因此當今青年必須學會惜金，同時注意切勿成為一毛不拔之人。

1. 又稱西門子事件，為一宗涉及日本政商界的賄賂醜聞。日本海軍於一九一四年被發現收受德國西門子公司的賄款，企圖壟斷軍艦與武器的訂單。擴大搜查後發現英國的公司以及三井物產也涉嫌賄賂海軍高層，整起事件引發民眾示威抗議，最終導致首相山本權兵衛及其內閣總辭。

2. 幸德秋水（一八七一—一九一一）是明治時代知名的社會主義與無政府主義者，曾主張實行總罷工、組織社會革命黨，後來因為謠傳有社會主義者策劃暗殺明治天皇，因而遭到政府逮捕並判處死刑，史稱「幸德大逆事件」。

3. 編按：較常見的說法為「一沐三握髮，一飯三吐哺」，但《史記．魯周公世家》則為「一沐三捉髮，一飯三吐哺」。推測應該是作者引用上的錯誤。

4. 編按：指的應該是三菱財閥的創辦人岩崎彌太郎以及從和服店起家、打造三井財閥的三井家族。

理想與迷信

抱持合乎道理的希望

戰敗固然令人苦惱，但如果舉全國之力只為戰爭，並不符合王道。在今日的時局之下，我們不用擔心這樣的事情，但今後工商業該如何是好呢？恢復和平之後實業界將何去何從呢？也許一切都會發生意想不到的變化，以為不好的可能轉好，以為好的可能轉壞，目前無法臆斷。然而人面對未來，一定要擁有理想，縱然阻礙重重，也要本著一定的原則行事。換句話說，遇事仔細思考，必能減少過錯。爆發像戰爭這樣的事變，雖然與自己所想不同，但人生在世，必須保持相當的興趣和理想，找出道理慢慢前進。期間，無論如何一定要堅持商業道德，最重要的就是信用。如果不能守信，就無法鞏固實業界的基礎。簡單來說，在時局恢復和平的時候，我們這般從事實業之人的責任將更加重大。不僅是個人的責任重大，諸位也必須預測各自經營的事業將如何發展，並以此為依據確保充分的道理來採取行動。「講道理、懷抱希望活潑進取的國民」雖然是個概括性的標語，但先前有一個美國人正是如此評論我國同胞，表示根據他對全體日本人的觀察，所有國民都擁有一顆活潑進取的心，我聽了十分高興。我雖年事已高，但仍盼望我國今後也能日益進步，也希望多數人能夠愈來愈幸福。對此我相信各位實業家也深有同感。無論時局如何，期盼所有從事實業的人都能如此；不管是誰，想必都有將來必須這麼做的美好希望。

更何況大戰之際，對於將來如何變化的預測更需要深思熟慮，因應自己所經營的事業採取適當的措施。這個時候絕對要遵守的就是前述的商業道德，也就是「信」這個字。如果實業家都能做到這一點，那麼日本實業界的財富將進一步擴大，人格也會有顯著的進步。不僅是時局，若能預測各種時機的多變，從彼此承擔的職務進行考量，勢必能制定出適宜的對策。

要心懷熱誠

最近的流行語說，無論是什麼樣的工作，都要保持興趣，但所謂「興趣」的定義究竟是什麼呢？我不是學者，所以無法充分解釋，但我確實希望人在善盡職責的時候也能保有興趣。「興趣」聽起來既像是理想，也像是欲望或者愛好。如果只是單純做好份內的工作，就與照表操課、聽令行事沒有差別；然而一旦抱持著興趣與誠意，就會出現對於這個工作想這樣做、那樣做，或是這麼做了之後會有什麼結果的想法，為工作注入種種的理想和意欲。如此一來才算是真正地有興趣，至少我是這麼理解的。儘管我不清楚興趣的定義，但我認為，人對於自己手邊的工作都應該抱持興趣。更進一步來說，生而為人，就應該持有興趣，盡力而為。如果世上每個人都能擁有足以獨當一面的興趣並將這個興趣積極提升，勢必能在社會上展現相應的功德。就算不到這個程度，只要行動的時候能夠保持興趣，工作起來也會有精神。若是只懂得聽令行事，就如同毫無生命，徒有形體罷了。曾有一本書提及的養生法說到人衰老之後，即使生命存在，但如果每天只是過著吃和睡的日子，就根本稱不上是生命的存在，而是行屍走肉。因此，就算衰老導致身體不靈活，也要用心立足於世，才能稱得上是有生命的存在。既然身為人，都希望以生命存在於世，而非空有軀殼，這是我們身為年老者必須始終牢記的。如果被人問道：「這個人還活著嗎？」那就真的宛如行屍走肉了。要是這樣的人占大多數，日本將會變得奄奄一息。如今社會上有許多名人都會被這麼問，儼然是一具空殼。因此，工作的時候也相同，不是僅僅去做就好，還必須保持興趣。一旦缺乏興趣就會失去精神，變成如同人偶一般。無論從事什麼樣的職務，只要保持興趣，就算不能全部如自己所願，也必會有部分符合心中的理想或欲望。孔子曰：「知之者不如好之者，好之者不如樂之者。」我認為這正是興趣的極致。對於自己執掌的職務，絕不能失去這股熱誠。

道德應該進化嗎？

所謂道德，也會和其他物理化學一樣逐漸進化嗎？換句話說，道德是否應該隨著文明進化？這也許並不容易理解，但是否如同前面所述，應該秉持宗教信念來鞏固道德？儘管理論上德義之心能夠維持，但對於道德的解釋難道不會隨著時間進化嗎？道德二字的語源來自支那古代唐虞之世所說的王道，由此可知道德一詞相當古老。

進化不僅限於生物。如果根據達爾文的學說，古老的東西都會自然進化，那麼隨著科學發明和生物的進化，許多事物應該也會逐漸改變。雖然進化論大多用來說明生物的進化，但如果進一步研究，即使不是生物，不也會發生變化嗎？甚者與其說是變化，更應該說是前進的歷程。不知道是從何時開始的禮教，支那提倡的二十四孝列舉出了二十四種孝行；當中最可笑的是有一人名為郭巨，他非常貧窮，沒錢養父母，因此想要活埋自己的孩子，結果在挖土的時候發現了一個罐子。罐子裡有許多黃金，使得他不用活埋孩子也能供養父母，這被視為所謂的孝德；然而在今日社會，如果有人為了孝親而活埋孩子，必定會遭人批評愚蠢。可見隨著社會進步，改變了人們對「孝」的毀譽。另一個例子，則是王祥為了捕捉鯉魚孝敬父母，便裸著身體躺在冰面上，終於讓冰融化而鯉魚躍出。這也許只是虛構的故事，但如果是事實，即便說是為了孝親，但萬一在孝心感動上天之前就先凍死，反而成了違背孝道之舉。

像二十四孝這類的教誨由於假設性較高，所以很難說是適當的舉例，但對於善事的看法，顯然會隨著社會的進步而出現種種變化。如果就物質方面來看，回想過去沒有電力或蒸氣的時代，與現在幾乎有著天壤之別，因此要是道德也有如此變化，那麼過去的道德幾乎沒有值得尊重的價值。然而，無論今日的科學再怎麼進步，物質方面的智識如何增進，若是說到仁義，不僅東方人擁有這樣的觀念，就連西洋數千年前的學者或被稱為聖賢的人，關於這方面的論調其實並沒有太多變化。既然如此，我認為古聖賢所謂的道德，並不應該像其他隨著科學進步而變化的事物一般有所動搖。

應根絕如此矛盾

法國流傳著這麼一句俗語：「強者永遠有理。」隨著文明不斷進步，人們重視道理、愛好和平的意識便會提高，同時更加厭惡相爭帶來的殘酷；換句話說，戰爭也會因此比以往付出更多代價。無論哪個國家都將有所顧慮，極端的戰亂想必會自然減少，也必須減少。明治三十七、八年（一九〇四、〇五）間，俄羅斯的克魯姆寫了一本名為《戰爭與經濟》[1]的著作，提出「社會愈進步，戰爭愈殘酷。由於所費不貲，戰爭終將消失」的主張。我曾看過有人認為，俄羅斯皇帝之所以主張和平會議，也是根據這一類的理論。既然如此強調戰爭的殘酷，這次全歐洲的大戰就不應該發生才對。去年（一九一四年）七月底看到各家報導的時候我正好在旅行，面對別人問起我的看法，我表示根據報紙，戰爭似乎一觸即發。記得先前美國的喬丹博士在摩洛哥危機的時候特地發來一封電報——博士原本就是和平論者，非常重視和平——說因為美國著名財政家摩根（J.P. Morgan）的忠告，阻止了戰爭發生。我並非十分相信這種說法，但隨著社會的進步，人們變得更加審慎思考，因此才出現了戰亂終將減少的理論，認為這是自然的趨勢。

然而如今在歐洲爆發的戰爭，雖然我不知詳情，但實在悲慘。尤其像是德國的行動，簡直不知文明為何物。其根源在於道德不能普遍適用於國際，以至於演變成這般地步。若是如此，在所有國家都必須捍衛自己的情況下，是否真的有辦法統一道德，讓所謂的弱肉強食從國際間消失？只要執政者和一般國民都沒有放任欲望增長，就不會發生如此殘酷的戰爭；然而要是一方讓步，另一方卻依舊義無反顧地進攻，逼得對方也只好前進，則雙方相爭就成了必然。這當中若是牽扯到人種以及國境的問題，也會導致一國對另一國擴張勢力。由於制止也無法和平，終究還是只有戰爭一途。雖說「己所不欲勿施於人」，如今的現狀卻是強者為了滿足私欲，強迫他人接受自己無理的要求。

文明究竟有什麼意義？簡而言之，今日的世界還不夠文明。若是如此，我們身在當下，將來該如何發展我們的國家？又應該抱持什麼樣的決心？即便不得已被捲入弱肉強食的漩渦之中，也一定要試圖找出其他道路，確立一個堅定的原則，作為所有國民一同努力的目標。我們始終秉持己所不欲勿施於人的精神，推廣東洋的道德，繼續維護和平，尋求各國的幸福；或者至少能在不為他國帶來極大困擾的情況下，謀求本國的興盛。如果全體國民皆能打從心底放棄自私自利的主張，而且不僅在國內，也能不忘在國際間施行真正的王道，相信必能避免今日的悲慘禍害。

人生觀的兩面

人生在世必定要有目的，但這個目的究竟是什麼？要如何才能實現呢？這就如同每一個人的面貌都不盡相同，答案想必也會因人而異。有人多半會想竭盡所能發揮自己擅長的本領或技能，為君父盡忠孝，救濟社會；然而，只是抱有這般籠統的想法也不會有任何結果，還是必須以某種形式呈現，也就是依靠自己修得的才能，努力發揮學問或技術。例如學者善盡學者的本分，宗教家貫徹宗教家的職責，政治家明確其責任，軍人完成其任務，各自盡其所能投注心力。這時如果觀察每個人的心思，與其說是為了自己，為了君父、為了社會的觀念其實更強。也就是說，以君父和社會為主、自己為客，我將這種想法稱為「客觀的人生觀」。

與此同時，自然也有與上述完全相反的人，只想著自己，不顧社會及他人。然而如果以這種人的想法觀察社會，也不是全然沒有道理。也就是說，自己是為自己而生。為了他人或社會犧牲自己，難道不是一件奇怪的事嗎？既然是為了自己而生，一切只需要為自己謀劃，對於社會上發生的各種事情，也盡可能地只為自己的利益打算。舉例來說，借錢是為了自己，當然就有償還的義務；稅賦是為了自己生存需要而由國家徵收的費用，當然也會繳納，村裡的費用亦然。相較之下如果是為了救濟其他人，或是為了公共事業的義捐，就覺得事不關己。這也許是為了他人、為了社會，但終究不是為了自己，所有對社會的經營都是以自身為出發點。這種以自己為主、他人或社會為客，使自己的本能獲得滿足，貫徹自我主張的想法，我稱之為「主觀的人生觀」。

如今我從現實思考這兩種人生觀，若是貫徹後者的主張，國家社會就會變得粗野鄙陋，最終陷入無法挽回的衰退之中。相反地，如果能夠將前者的主張加以延伸，那麼國家社會必能達到理想的狀態。我因此贊同客觀的人生觀，排斥主觀的人生觀。孔子曾教導：「夫仁者，己欲立而立人，己欲達而達人。」無論是社會之事或人生之事，我認為都必須如此。這句話雖然聽起來好像有交換條件之意，勸人為了滿足一己之欲，首先必須忍讓；然而孔子的真意絕非如此卑劣。先立人達人，再立己達己，孔子只是在教導君子行為應有的順序罷了。換言之，這是孔子為人處事的領悟，對我來說也是人生應有的意義。

真的無望了嗎？

我們成立的組織中有一個名為「歸一協會」，其中所謂「歸一」無疑就是世界的各種宗教觀念和信仰等，最終回歸於一。無論是神、佛、耶穌，講的都是人類應實踐的道理。東洋和西洋哲學雖然細節上有所差異，但我認為旨趣都歸於一途。「言忠信，行篤敬，雖蠻貊之邦，行矣」；相反地「言不忠信，行不篤敬，雖州里行乎哉？」此乃千古格言，表示如果一個人缺乏忠信，不能篤敬，就連親戚舊識也會討厭他。西洋的道德其實也教說同樣意義的道理，只是西洋的說法積極，東洋則有幾分消極。例如，孔子說：「己所不欲勿施於人。」耶穌說：「己所欲，施於人。」雖然說法稍有不同，但都是在告誡不可作惡，要行善。差異在於表現方式的不同，一個從右邊說，一個從左邊說，最終殊途同歸。正因如此，仔細研究就能發現，各分宗派，各立門戶，甚至相互攻擊，實在是非常愚蠢的事。雖然無法判斷是否所有的宗教都能歸一，但抱持著在某種程度上能夠達到歸一的期望所成立的組織，便是歸一協會。

協會成立以來，已經過了數年。會員除了日本人，也有少數歐美人，針對某一個問題共同研究。我個人提出仁義道德和生產謀利應該一致的看法，四十年來在提倡該理念的同時，也加以實踐。雖說道理如此，但社會上經常出現與之相反的事，實在不堪。

對於我的主張，和平協會的保羅氏、井上博士、鹽澤博士、中島力藏博士、菊地大麓男等人都認為，即使無法做到全然歸一，卻必然可以達到某種程度的歸一。世上的事物儘管有時會偏離正道，但這是因為事物本身為惡，因此絲毫無損於真理。有人曾說過去也有過類似的理論，認為仁義道德與生產謀利必須一致，否則無法創造真正的財富並永久保持，幾乎所有的議論最終都會歸結於此。假設能在社會上大力鼓吹這種觀點並充分貫徹，形成生產謀利必須依據仁義道德的觀念，如此一來缺乏仁義道德的行為自然就會消失。例如，採購御用物品的官員，如果能夠意識到賄賂違背了仁義道德，就不可能收受賄賂；至於御用商人也是一樣，一旦認為此舉有違仁義道德，自然不會行賄。

將這種關係更進一步推廣，無論是政治、法律、軍事，所有事情都必須符合仁義道德。不能夠一方遵循仁義道德實踐正當的買賣之道，另一方卻要求賄賂。世上幾乎所有事情都是環環相扣，如果不能夠做到雙方都遵守仁義道德，必定會有所牴觸。也因此必須相互努力，讓一切都合乎正道。若能將此理念普及於社會，像賄賂這般可憎之事，想必就會自然消失。

日日求新

社會上的事物逐年進步，至於學問也從內從外不斷地更新。社會無疑日新月異，但隨著經年累月，難免產生弊害，長處變成短處，利變成害。尤其因襲一久，就會失去活力，就連古人也這麼說。支那有《湯盤銘》曰：「苟日新，日日新，又日新。」就算是細微的小事，也要日日求新，新了還要更新，實在有趣。如果事情全都流於形式，精神就會變得貧乏，因此最重要的便是無論如何都要求新進取。

今日政治界之所以停滯不前，正是繁文縟節所致。官吏重視形式，不深入了解事情的真相，舉例來說，只想著將自己負責的工作機械式地處理完就滿足了。不僅限於官員，這股風氣也吹向了民間的公司和銀行。按理來說，流於形式的情況很少出現在生氣蓬勃的新興國家，而是常見於因襲舊風的古老國家。幕府之所以垮台，也是這個原因。所謂「滅六國者，六國也，非秦也」，滅幕府者亦是幕府。即使風再大，足夠強壯的大樹決不會輕易倒下。

我至今沒有特定的宗教觀念，儘管如此，也並不代表我沒有信仰。我信奉儒教，以此作為言行的準則。所謂「獲罪於天無所禱」，對我而言確實如此，但一般民眾則行不通，畢竟智識程度低的人還是需要宗教。然而今日，天下人心無所歸依，宗教又流於形式，成為如同茶道般的流派和作風，實屬遺憾。既然不教導民眾應走的方向，這種情況必須設法加以改善。

面對這種狀態，我認為應該建設良好的設施。當今由於迷信等歪風四起，導致有人因此喪失田地，傾家蕩產。宗教家如果不能真正努力，這種趨勢只會日益盛行。正如西洋人說：「信念強就不需要道德」，必須讓人們擁有堅強的信念。

有人認為，商業著重於自身的利益，因此只要自己獲利即可，沒必要顧及他人是否因此受害。這些人將謀利和道德看成兩回事，但這種想法不僅錯誤而且過時，早已不適用於現在的社會。至明治維新為止，社會上流以及士大夫階層被認為與謀利毫無關係，只有人格低下者才會求利；後來這種風氣雖然有所改變，但依然一息尚存。

孟子本就主張謀利與仁義道德一致，但日後的學者將兩者拆散，認為行仁義則遠富貴，求富貴則遠仁義。町人（商人）被稱作素町人受到鄙視，士人不應與之為伍，而商人也自居卑微，只以賺錢為目的。經濟界的進步說不定因此延遲了幾十年，甚至幾百年。如今這種觀念逐漸消失，但尚且不足；我希望讓更多人知道謀利與仁義之道並不相悖，並打算以《論語》和算盤作為指導方針。

道士的失態

在我十五歲的時候，我的一位姊姊因腦疾發狂，眼看二十歲的妙齡少女卻言行粗暴、態度狂妄，父母和我都非常擔心。但她畢竟身為女性，實在不方便由男子照料。我時常緊跟在發了狂的姊姊身後，儘管屢遭她投以惡言惡語，仍因為放心不下盡力提供照顧，故在當時受到不少鄰居的稱讚。擔心姊姊的其實不只家人，親戚也同樣感到憂慮。父親老家的宗助的母親相當迷信，她認為姊姊之所以患病是因為家中有東西在作祟，頻頻勸說要找人來作法。但父親非常厭惡迷信，不願聽勸，便帶著姊姊到上野的室田療養。室田有一個著名的大瀑布，據說病人只要在此接受瀑布的沖打，病情就會好轉。父親回去後，母親被宗助的母親說動，趁父親不在家的時候，找來名為遠加美講的成員到家中作法驅除鬼魅。我和父親一樣自年少時期起就非常討厭迷信，當時雖然極力反對，但無奈十五歲的少年一開口馬上受到伯母喝斥，實在說不過他們。

於是，兩三名道士前來準備設壇，由於需要一個人擔任坐在中央的「中座」，所以找來當時剛到我們家的幫傭充當這個角色。家中掛起了注連繩，立起御幣[2]以及各種莊嚴的裝飾。中座蒙上眼睛，手持御幣端坐；道士在她面前念誦各種咒語，列席的眾多信徒也異口同聲地高唱名為遠加美的經文。中座一開始像是睡著了，卻在突然間揮舞起手中的御幣。道士看到這般情景，立刻取下中座的蒙眼布，平身低頭說道：「何方神聖降靈，請賜神諭，」又祈問：「這家的病人遭到何等鬼魅作祟，還請賜知。」結果，中座竟板起臉信口開河地說道：「這個家有灶神和井神作祟，孤魂野鬼也在作祟。」姑且不論其他人，一開始勸說作法的宗助母親聽到後便得意地說道：「你看，神諭多靈驗啊。聽老一輩的說，以前有人從這個家出門前往伊勢神宮參拜就沒有再回來，想必是在路上病死了，這個人一定就是作祟的孤魂野鬼。神明真是靈驗，實在感恩。」接著又問中座如何才能驅除鬼魅，得到的回答是「建祠堂祭拜即可」。

整件事我從頭到尾都表示反對，作法的時候也因為覺得可疑而一直注視著。聽到孤魂野鬼的事，我於是問道：「這個孤魂野鬼大概是幾年前出現的？無論是要建祠堂或者立碑，不知道年代不太好辦。」道士於是再次詢問中座。結果，中座回答：「大約五、六十年前。」我又追問：「五、六十年前的年號是什麼？」中座回答：「天保三年左右。」然而，天保三年距今不過二十三年，我便對著道士說道：「如您所聞，知曉孤魂野鬼存在的神明，怎麼可能不知道年號。要是連這種程度都能出錯，還談什麼信仰不信仰。如果真的是通靈的神明，好歹也要知道年號；會犯下如此簡單的錯誤，想必根本不足為信。」儘管宗助的母親在一旁說著「你這樣說話會遭天譴」打斷了我的話，但這麼顯而易見的道理任誰都可以理解，在座的所有人自然對著道士冷眼相看。道士一看苗頭不對，又狡辯道：「想必是有野狐。」要是野狐的話，更不需要建祠堂祭拜，也就是說不用做任何處置。道士瞪著我，臉上的表情彷彿是在說「真是個搗蛋的少年！」對此我不禁露出了勝利的微笑。

宗助的母親從此停止了一切的加持祈禱法會。村裡的人聽聞此事，從此之後再也不讓道士入村，開始認識到有必要打破迷信。

真正的文明

文明與野蠻是彼此相對的詞彙，什麼樣的現象叫做野蠻，又或者什麼樣的現象叫做文明，兩者的界線非常難以劃分。簡單來說，文明與野蠻屬於比較性的關係。某個進步的文明在更進步的文明眼中不免野蠻，某個野蠻的文明在更野蠻的文明眼中則相對文明。今日在討論這個問題的時候不能流於空談，必須舉出已經實現文明的實例探討。即使是一個鄉鎮或一個都市，文明的程度皆不盡相同，但我認為以國家為標準來判斷文明或野蠻更加適當。我沒有詳細調查過世界各國的歷史及現狀，故無法講解細節，但英國、法國、德國、美國等國家可說是今日世界的文明國無誤。這些國家的文明，正是國體明確、制度嚴謹，且具備作為一個國家所需要的完善建設，就連法律也相當完整，教育制度十分健全。

然而即使條件齊全，也不能說就是文明國。在建設完備的基礎上，也必須擁有能夠確實維持國家活動的實力。說到實力當然必須論及兵力，而警察制度和地方自治團體也是實力的一部分。具備以上各種條件之後，更要注意彼此之間的平衡，相互調和與聯繫，不可過分重視某一方面或缺乏統一，如此才稱得上文明。換句話說，無論一國的條件如何齊全，如果人員的智識無法與之匹配，也不能算是真正的文明國。如前所述，條件完善的國家照理來說很少會出現國家經營人才不足的情形；除非有可能是表面上看似完整，實際上卻欠缺堅實的基礎。這正是所謂「優孟衣冠」，衣裝再怎麼光鮮亮麗，有時卻與內在品性不符。可見真正的文明除了需要具備完整的制度和文化之外，還需要一般國民人格和智慧的配合。如此觀察下來，縱使不論及貧富，文明之中自會加入財富的力量；然而形式和實力未必成正比，形式上看似文明但實力貧弱，這種極為不平衡的情形也很有可能發生。因此，所謂真正的文明必須兼具強大的力量和確實的財富。

至於一國的進步會傾向哪一方面，就古來各國的實例而言，大多都是文化先進步，之後才具備實力。尤其有些國家首先以兵力為前導，財富的發展遲緩，這種情況相當常見，我國的現狀亦是如此。日本的國體傲視萬國，諸多設施於明治維新後在輔弼賢臣的推動之下逐次建設，無可挑剔。然而，若說到是否同時發展出確實的財富，則必須悲傷地承認時日尚淺；畢竟相當於財富根本的實業，無法在短時間內充分培育，故比起前述的國體或制度的完善，財力頗為欠缺。若是傾國之力增加財富，日本帝國雖小，還是有許多方法可行，然而財富卻有必要另作他用。為了擴張文明的治國工具而耗損財富，這是今日的一大隱憂。經營國家不可能僅止於追求富庶，為了擴張文明的治國工具終究不得不犧牲部分財富。換言之，為了保全一國的體面，謀求將來的繁盛，就必須擴張陸海軍的實力；加上內政或外交也需要國費的支出，此即為了治理國家，多少損耗財源是難以避免的事。但如果嚴重偏向某一方面，難保最終不會削弱文明。文明一旦貧弱，所有的治國工具將形同虛設，要不了多久就會步入野蠻。如此看來，若想使文明成為真正的文明，強大的力量和確實的財富必須取得平衡。我國今日最大的憂患莫過於為了擴張文明的治國工具而不惜減損財富的根基。對此我認為必須上下一致、文武合作，努力維持應有的平衡。

發展的一大要素

明治時代是引進新事物，改造舊事物，汲汲營營謀求進步的時代。儘管目前還有許多進步空間，但日本因長期鎖國以致未能接觸歐美的文物，卻在短短四、五十年間漸漸截取歐美之所長，補我國之所短，進步的程度不亞於外國。這當然是拜朝廷和明治天皇之聖明所致，也必須感謝在朝官員的循循善誘，但最重要的還是國民的努力奮發。

從明治到大正，人們往往以為創業時代已經過去，甚至有人認為今後應該進入守成的時代，但國民絕不可安於這般小規模的成就。日本國土小、人口多，且今後還會繼續成長，故不可如此消極，在整頓內部的同時，也必須努力對外開展。耕地的面積雖少，但改良農業技術就能增加耕地的效用；改良種苗和耕種方式，使用氮肥或磷肥等優質的肥料，以及改良集約農業做法，良田的收穫量便可從五俵[3]米增加至七俵米，劣地也可以增加兩倍的收穫量。至今無法成功的旱稻，只要有人工肥料，一反步[4]也可以收穫五至七俵米。正是因為耕地狹小，才更應該思考如何增加其效用。另外像是北海道或其他新的領土也需要注入必要的資金和勞力，建立周全的事業。由於就算是共同努力也有其極限，因此放眼海外，開創大和民族的前途也是不容懈怠。

海外發展應該選擇哪裡呢？我認為最自然的趨勢，就是選擇最有利的地方，即氣候良好、土質肥沃、土地包容力強，且無論是農業或商業皆適宜之地，此乃人之常情。在這方面，我們擔憂的是北美合眾國與我國的關係；像今日這般爭議不斷，實屬遺憾。主因無疑是對方的任意妄為又不講道理，但事情發展至此，我國國民也必須深刻反省。這些事情目前正在交涉階段，故無法詳細說明，但抱持著回應國民期待的勇氣和最大限度的忍耐力，開展大和民族通往世界發展的前途，努力成為到哪裡都不被厭惡唾棄的人民，我相信正是發展的重大要素。

何以整肅歪風為急務？

動盪不安之下，促成了維新的大改革。打破統治者和被統治者的界線，商人也必須從原本狹小的活動範圍，開始嘗試走向世界。此外，日本國內的商業活動，主要包括物品的運送和儲存等，從過去必須藉由政府之力進行，逐漸轉變為一切都由個人承擔。對於商人來說，這就好像是開啟了全新的天地，也因此他們必須接受相當程度的教育。無論工商，都有一套學習的流程，或是地理，或是物品、品種，或是商業的歷史，教導他們突破世界的藩籬，以及所有能夠使事業昌盛的必要知識。然而這些都以實業教育為主，道德教育則十分欠缺，或者更應該說沒有把道德教育當作是個問題。想要增加自己財富的人一直都在，當少數人僥倖獲得極大的財富，這便成為刺激和誘惑，讓更多人以此為目標，只顧著追求賺取財富，造成富者越富，而窮者也想致富。仁義道德被認為是舊世紀的遺物遭到棄置，幾乎沒有人知道仁義道德為何物；所有人都汲汲營營地想要利用知識增加自己的財富，導致風氣敗壞汙濁，陷入墮落混亂之中也不足為奇。如今已經到了急需整肅歪風的地步。

那麼應該如何整肅歪風呢？一般而言，忘了謀求正當利益的方法、利欲薰心的結果，會造成道德淪喪，這一點如前所述。然而，過分厭惡這種行為導致阻礙了生產謀利的根本，也同樣不可取。例如，只因嫌惡男女行為流於猥褻而斷絕一切自然情感，這是一件非常不合理且很難做到的事，最終將會違背天理人情。值得注意的是，對於實業界的腐敗墮落，如果僅專注於批評戒飭，這種整頓方式是否真的適當？搞不好反而會消耗國家的活力，損害國家真正的財富。整飭肅清是一件非常困難的事；如果恢復舊制，統治者以道義為重，又盡可能地限制從事生產謀利之人的活動範圍，也許可以減少這樣的弊害，但國家財富的進步也會因此中止。既要發展與維護財富，又要創造沒有罪惡相隨的正當財富，就必須要訂立一個堅持遵守的原則，也就是我經常所說的仁義道德。仁義道德與生產謀利絕不矛盾，因此我們必須究其根本之道，並充分思考如何才能不喪失應有的定位，遵照這個道理行事。如此一來，就不會陷入腐敗墮落之中，無論是國家或個人，都能夠正當地增進財富。

以此方法為本，付諸日常之事，雖無法在此詳述經商或事業的細節，但根本的道理就是要做到與生產一致。謀求財富的方法和手段，首先要以公益為宗旨，不欺壓或危害他人，不行欺瞞詐騙之舉。所有人各盡其職，在不違背道理的情況下增加財富，那麼無論如何發展，也不會發生相侵相害之事，獲得的正當財富始得長久持續。若各行各業皆能達到如此境界，則整肅可謂成功。

名言佳句

子貢曰：「貧而無諂，富而無驕，何如？」子曰：「可也。未若貧而樂，富而好禮者也。」子貢曰：「詩云：『如切如磋，如琢如磨。』其斯之謂與？」子曰：「賜也，始可與言詩已矣！告諸往而知來者。」（《論語．學而》）

（語譯）子貢問孔子：「即使貧窮也不會阿諛奉承，即使富貴也不會恃財而驕，這樣的生活態度如何？」孔子回答：「可以了。不過還不及貧窮仍能優遊自樂，富貴仍能節制守禮之人」。子貢說：「《詩經》所說的『如切如磋，如琢如磨』就是這個道理吧？」孔子說：「賜啊，如今可以和你談論詩經了。說起過去，你就能領悟未來。」

1. 編按：根據出版年代推測，書名應為《近時の戦争と経済》，但作者並非克魯姆，而是名叫布洛赫的人。
2. 御幣為神道儀式中使用的道具，會在木棍上綁上折疊成之字形的紙條或布條，用於祭祀或除魔。
3. 俵是用來計算米糧的單位，一俵約為六十公斤。
4. 「反步」是以反為單位計算耕地面積時使用的量詞，一反約相當於三百坪。

人格與修養

樂翁公的童年

樂翁公[1]的事蹟已是廣為人知，在此不再重述。但下面將介紹樂翁公親筆撰寫的松平家秘本《撥雲筆錄》，可從中一窺樂翁公幼時的情景，同時探討其人格精神之所以非凡的原因。

六歲時罹患重病，性命攸關，經高島朔庵法眼等多位醫師的診治亦不見起色。到了九月，痊癒。七歲時開始讀《孝經》，學習假名。八、九歲時，人們皆誇我記憶力佳，才華洋溢，我心中得意，如今回想起來不禁羞愧。

這是因為大家都說些恭維話來誇讚他聰明，而他也對自己曾以聰明自居一事感到羞愧。樂翁公以懷舊之情敘述這段往事。

日後研讀《大學》，雖幾經受教，卻難以記憶，九歲時領悟人們的褒獎不過是阿諛奉承，實際上我沒有才華，記憶力也不佳。想來幼時贏得過多讚賞並非好事。十歲多，胸懷大志，下定決心要揚名日本與唐土（中國）。然此大志可謂愚蠢至極。

如此看來，樂翁公從十歲左右起，就立志成為聲名遠播之人，的確非凡。然而他雖然有此大志，卻謙遜地認為這樣的志向太過狂妄。

從這時起，應人們的索求，揮毫撰字甚多。雖知這些人求字乃是出於諂媚，卻還是回應所求，可見心之膚淺。

我有時也會被要求題字，說不定亦有如樂翁公所說的情況而不自知。

十二歲，因為喜歡著述而收集了通俗的書物，又在《大學》條目之下，寫滿批註，以便教示。然古事多無記憶，又聽聞通俗之書多偽，故不再為之。

樂翁公在十一、二歲的時候就開始著述，寫下教誨之言，因為不解古事而參考通俗之書。然而通俗書籍有時與事實不符，為了擔心誤導讀者，於是決定罷休。

如今想來，有幸收集了真西山《大學衍義》這類的大要。我亦從此時開始創作和歌，但都難登大雅之堂。無人可以請教，只能自吟之後作廢。看到描繪鈴鹿山花季時旅人來往的圖畫，詠歌曰：「鈴鹿山旅投宿遠，留戀花下不忍別。」此時正值十一歲。

十一歲的時候就能詠出如此詩歌，在文學造詣方面可說是天才。

十二歲，撰寫《自教鑑》。請大塚氏修改，以當時來說還算不錯。於明和七年（一七七〇）謄抄，明和五年開始撰寫。父親大悅，贈我《史記》，至今依舊珍藏。

十一、二歲時開始作詩，但不懂平仄，難以示人。

關於雨後的詩如下：

虹晴清夕氣，雨歇散秋陰。

流水琴聲響，遠山黛色深。

關於七夕的詩如下：

七夕雲霧散，織女渡銀河。

秋風鵲橋上，今夜莫揚波。

經過多位老師的修改，才得此文字。

由此可見，樂翁公生來就非常多才多藝，從少年時代起便十分優秀。樂翁公的著書《自教鑑》是為了修身養性的自我警惕之書。我以前讀過這本書，記憶中並非是長篇大作。樂翁公雖然性格溫和，但他非常擔憂老中田沼玄蕃頭[2]的政治，認為這樣下去無法維持德川家的政局，因此感到憤慨。他認為若要改善惡政，除了除掉田沼玄蕃頭之外別無他法，於是下定決心捨身刺殺田沼玄蕃頭，這件事也有記錄於書中。樂翁公原本是溫和且思慮周全的人，只不過似乎也有其激進的一面。繼續往下閱讀《撥雲筆錄》可以發現他有時脾氣暴躁，遭到侍臣嚴厲勸諫。

明和八年（一七七一），我十四歲。（中略）我從這時起變得急躁，一點小事就怒不可遏，或者怒斥他人，或者激動與人理論。眾人皆搖頭嘆息。大塚孝綽經常警告我，水野為長也日日規勸我。聽其所言雖然有所感觸，但一有事還是無法忍住發怒。我於是掛上一幅姜太公釣魚的畫，每當怒氣攻心時就獨自面對此畫，努力忍耐控制情緒，終於能夠做到一日不發怒。十八歲時能洗心革面，可謂稀有之事。這全是多虧身旁之人對我的直言規勸。

從中可以看出，樂翁公的確是天才，但在某些方面又具有情感強烈的特質。同時，他致力於精神修養，終於建立起身為樂翁公獨特的人格。

人格的標準為何？

世間普遍相信，人乃萬物之靈。既然同為靈長，人與人之間應該沒有差異，但放眼社會，真可謂上無邊際，下無止境。如今與我們有來往的人們，上從王公貴族，下至匹夫匹婦，都截然不同。即使僅從一鄉一村來看已有十足差異，從一縣一州來看更是明顯，若從一國來看則彼此差異懸殊，幾乎沒有盡頭。人在智愚尊卑方面就已經如此不同，決定人的價值自然也不是一件容易的事，更何況提出明確的標準。然而，人既然是萬物之靈，自然應該有優劣之分。尤其從古語「蓋棺論定」來看，似乎有制定標準的可能。

「萬人皆同」的說法有其道理，但主張「萬人皆異」也確實有其依據。因此，在鑑定人真正的價值時，必須研究這兩種理論，作出適當的判斷，這是非常困難的。我認為在訂立標準之前，首先必須決定什麼樣的人才稱得上是人。當然，這同樣絕非易事。人與禽獸究竟有什麼不同？想必過去對於這個問題也有簡單的說明，但隨著學問的進步，就需要更複雜的解釋。以前，歐洲的某個國王想要知道什麼是人類天生的語言，於是將兩個嬰兒收容在一個房間裡，完全不讓他們接觸人類的語言，也不給予任何教育。等到長大後把他們帶出來，發現兩人完全無法說話，只能像野獸一般發出令人不解的聲音。雖然不知道這個故事是否屬實，但從中可以看出人類與禽獸的差異極小；即使五官四肢具足，擁有人類的形體，也不能果斷稱之為人。人與禽獸的差異在於修養品德、啟蒙開智，能夠對社會做出貢獻，這才是真正的人。一言以蔽之，唯有具備堪稱萬物之靈的能力，才稱得上具有人真正的價值。故必須在這一層意義上，討論鑑定人真正價值的標準。

過去歷史上的人物，有誰曾經過著符合人類價值的生活呢？昔日在支那周朝，文武兩王並起，誅伐暴虐無道的殷王，統一天下，實施德政，後世稱文武兩王為德高望重的聖主。如此看來，文武兩王可說是同時獲得功名與富貴之人。那麼，與文王、武王、周公並稱的孔夫子又如何呢？此外，孔門四配的顏回、曾子、子思、孟子，同樣被推崇為聖人，但他們為行道而遊說天下，貢獻一生，在春秋戰國時代，甚至連一個小國都無法擁有。儘管他們的道德不亞於文武兩王，名聲也很高，但如果從富貴等物質方面評論，則與文武兩王有著天壤之別。因此，若以財富為標準論定人的真正價值，那麼孔子無疑是個劣等生；然而孔子有覺得自己低人一等嗎？如果文王、武王、周公、孔子皆對自己的生活感到滿足而終其一生，那麼以財富作為人真正價值的標準，來論定孔子為劣等生，真的是適當的評價嗎？由此可以看出評價一個人有多麼地困難。應充分視其所為，觀其所由，同時明察這個人的行為對於世道人心有何影響，方能評定。

反觀我國歷史上的人物，也深有同感。藤原時平[3]和菅原道真、楠正成[4]和足利尊氏[5]，評價究竟誰高誰低？藤原時平和足利尊氏確實是財富上的成功者，然而今日看來，藤原時平僅被視為凸顯菅原道真忠誠的對象，反而是菅原道真之名就連兒童走卒都耳熟能詳。若是如此，那麼究竟誰才是真正具有價值的人呢？這一點在評斷楠正成和足利尊氏時也是相同。總而言之，對人的優劣評斷取決於世間的喜好，也因為要看穿本質確實困難，所以不應該輕易地判定人真正的價值。如果真的要評論，應當把富貴功名，也就是所謂的成敗放在第二位，以這個人對社會發揮的精神和效果作為判斷標準。

容易被誤解的元氣

所謂的「元氣」要具體說明相當困難。如果從漢學上來說，我認為相當於孟子所說的「浩然之氣」。世間經常把年輕人的元氣掛在嘴邊，然而並非只有青年才需要元氣，而老年人就算沒有也無所謂。無論是誰都有元氣，更進一步來說，男女都必須要有元氣。如大隈（重信）侯雖然比我年長兩歲，卻依然神采奕奕。關於浩然之氣，孟子曰：「其為氣也，至大至剛，以直養而無害，則塞於天地之間。」此「至大至剛」、「以直養」的說法非常有趣。社會上經常會說「沒有元氣」，或是「提起元氣」；把喝得酩酊大醉時突然高聲喊叫說成是很有元氣，默不作聲就是元氣不好，但這種會被警察逮捕的元氣，並不值得誇耀。與人相爭，即使自己有錯，依舊強詞奪理，如果以為這叫做有元氣，那可是大錯特錯，此即所謂對元氣的誤解。此外，自尊心強也是元氣之一。福澤諭吉先生提倡獨立自主，這個自主也可說是元氣。像是自助、自守、自治、自力更生，這些同樣都是自尊的表現。然而，無論是自治或者自力更生，都要付出相對應的努力，一且對自尊有所誤解，就會變成倨傲自大或不合時宜，全部化作不道德的行為。例如行走於路上，如果只因自尊而不願退讓，反而有可能發生與車輛衝突的憾事，這絕非元氣的表現。換句話說，元氣是孟子所說的「至大至剛」，也就是至大、至強；「以直養」也就是以正確的道理，以至誠培養，且持之以恆。只因一時飲酒顯得昨天有元氣，到了今天就疲累不堪，這樣的元氣並不可取。如果能以正道培養，「則塞於天地之間」，這才是真正的元氣。

如果能夠充分培養這樣的元氣，那麼現在的學生絕不會受到軟弱、淫靡、優柔寡斷的嘲諷批評。但要是繼續這樣下去，難保元氣不會受到傷害。老人亦是如此，更何況現在身負重任的青年，務必學會培養正確的元氣。程伊川（程頤）曾說：「哲人見機誠之思，志士勵行致之為。」[6] 引用的文字也許與原文有所出入，但這是我非常重視的一句話，至今依舊感佩莫名。明治時代的前輩做到「哲人見機誠之思」，而大正時代的青年無論如何也要做到「志士厲行致之為」，我認為現在正是將一切巧妙統合的時候。為此年輕人必須充分發揮旺盛的元氣，用心為一代盛世效力。

二宮尊德和西鄉隆盛

明治四年（一八七一），由井上（馨）侯擔任總指揮，我和陸奧宗光、芳川顯正，以及明治五年為募集公債而遠渡英國的吉田清成等人，全心全力進行財政改革。某天傍晚，西鄉（隆盛）公突然造訪我當時位於神田猿樂町的住所。當時西鄉公身為政府的參議，是高居廟堂之上的大官，來拜訪我這個不過是大藏大丞的小官，足見此人非凡之處，著實令我誠惶誠恐。當天我們談話的內容，是關於相馬藩的興國安民法。

說起興國安民法，為二宮尊德[7]先生受聘於相馬藩時提出，主要是與財政和產業相關的方策，之後成為相馬藩繁榮昌盛的基礎。包括井上侯在內，我們當時正進行財政改革，提議廢除二宮先生留下的興國安民法。

相馬藩聽聞此事，認為此乃關乎一藩消長的大事，於是特別差遣富田久助和志賀直道兩人上京。西鄉參議接見兩人，兩人懇求無論進行何種財政改革，也不要廢除相馬藩的興國安民法。西鄉公同意了，但與大久保先生和大隈先生談論此事時，兩人皆認為不可行；西鄉公又與井上先生商量，只不過依照井上先生的個性更不可能接受。西鄉公想必煩躁不堪，於是想著只要說服我，也許就不用廢止興國安民法。他十分看重對富田和志賀兩人許下的承諾，因此特地拜訪我這個微不足道的小官。

西鄉公向我說明情況，認為廢除難得的良法非常可惜，希望我為了相馬藩，想辦法讓興國安民法能夠存續下去。我問西鄉公說：「那麼您知道二宮先生的興國安民法的內容嗎？」西鄉公回答道：「一概不知。」我又說：「不清楚內容卻希望不要廢除，實在恕難從命。但您若不知也沒辦法，請讓我來為您說明。」當時我已經對興國安民法做了充分的研究，便為此詳述一番。

二宮先生受到相馬藩聘用，首先製作了相馬藩過去一百八十年來的詳細歲收統計表。他將一百八十年以六十年為單位，分成天地人三才，以相當於中間值的地才在六十年內的平均歲收視為相馬藩例年的歲收；接著又以九十年為單位分成乾與坤，以收入較少的坤在九十年間的平均歲收為標準，決定相馬藩的年度支出額度，據此支付相馬藩所有的開銷。如果該年的歲收超過坤的平均歲收即為自然增收，若有盈餘則用來開墾荒地，並規定開墾所得的新田畝歸開墾當事人所有。這就是相馬藩的興國安民法。

聽完我對二宮先生的興國安民法所做的詳細說明後，西鄉公說道：「既然如此，符合量入以為出的道理顯然是件好事，真有需要廢除嗎？」我發現這是我闡述自己平時對財政所持意見的最好時機，於是回答：「誠然如此。若不廢除二宮先生留下的興國安民法繼續執行，相馬藩想必能穩固維持，今後也會更加昌盛。然而，比起相馬藩興國安民法的存廢，更重要的當務之急是為國家尋求一套興國安民法。西鄉參議認為相馬藩的興國安民法很重要，因此不希望廢除，但不講求國家的興國安民法，繼續放任下去真的無妨嗎？您肩負著一國的重任，身為處理國政大事的參議卻只為了國家一小部分的相馬藩的興國安民法而奔走，而未考量一國的興國安民法該如何進行，實屬本末倒置。」西鄉公聽完我的話後不發一語，默默地離開了寒舍。維新豪傑之中，不知就說不知，沒有絲毫矯飾之人非西鄉公莫屬，實在令人敬佩。

修養不是理論

若問修養必須做到什麼程度，其實並沒有任何限度。最需要注意的，是不可淪為空談。修養不是理論，而是要實際去做，也因此必須與實際情況保持密切的關係。

在此有必要特別闡述實務與學理的配合。也就是說，理論與實務、學問與事業必須並行發展，否則國家無法真正興盛。無論單方面如何發達，如果沒有另一方面的配合，國家就無法與世界列強為伍。不能僅滿足於現實，也不能唯學理是從，只有兩者密切契合時，國家才能達到文明富強，個人才能成就完整的人格。

上述的說法有許多例證，就漢學來說，孔孟的儒學在支那最受到尊重，被稱為經學或實學，有別於詩人或文人賣弄筆墨之作。透徹研究孔孟儒學，並將其發揚光大的是宋代的朱子。朱子博學且熱心於講學，然而他所身處的時代正值宋朝末年，政事頹廢，兵力薄弱，完全沒有實學之效。換句話說，當時的學問雖然蓬勃發展，政務卻相當混亂，導致學問與現實完全隔絕。經學到了宋朝雖然大舉振興，卻沒有應用到實務之中。

相較之下，日本反而因為利用了淪為空理空論的宋代儒學，發揮了實學的功效。加以善用的人正是德川家康。元龜、天正時期的日本可說是二十八分天下，國內混亂如麻，所有諸侯都只關心擴張軍備。其中德川家康非常有遠見，悟出僅靠武力並非治國平天下之策的道理，於是將心思放在文事方面，採用在支那淪為死學空論的朱子儒學。他首先聘請藤原惺窩[8]，接著又啟用林羅山[9]，將學問應用在實務之中，也就是理論與實務相互配合，相互靠近。德川家康至今依舊膾炙人口的遺訓之一，就是：「人的一生，猶如負重擔而行遠道，不可操之過急。常思有所缺，則無不足。困頓之時，應想起心中企望。忍耐為無事長久之基，視憤怒為敵。知勝而不知負，害致其身。責己不責人，不及猶勝於過。」這些話皆出自經學之中，許多都是根據《論語》的警句而來。當時之所以能夠安定殺伐的人心，建立三百年的太平盛世，乃是因為實學與理論的密切配合。德川家康採用朱子的儒學並實際應用，但到了元祿、享保（一六八八－一七三六）年間，各種學派逐漸成立，開始賣弄空理。儘管出現了許多著名的儒者，卻甚少有人講求結合實務，僅熊澤蕃山、野中兼山、新井白石、貝原益軒等數人。德川末期國家一蹶不振，也是理論與實務無法密切配合所造成的結果。

以上雖然是過去的事例，但即便到了今日，兩者的配合與否還是決定了事物的盛衰，這一點想必各位都有目共睹，只要看看世界上的二、三流國家便一清二楚。此外就連在一流的國家當中，也有些地方逐漸失去兩者之間的配合。

日本又是如何呢？至今尚且不能說兩者獲得充分的配合，甚至動輒出現相互背離的傾向。如此想來，不免為國家的未來擔憂。

因此，我衷心希望以修養為志的人能以此為鑑，絕不可趨於奇矯、失去中庸，應經常保持穩健的情操。換言之，今日的修養以力行勤勉為主，以求得到完整的智德；在致力於精神鍛鍊的同時，也不可忘記發展智識。修養不僅是為了個人，也必須為一邑一鄉，乃至於國運之昌盛貢獻己力。

平時的努力最重要

一般來說，世上之事大多不如所願。不僅是有形的事物，內心之事也經常如此。例如一度在心中立下的堅強決心，也可能因為一點小事而突然改變，或者因為他人的遊說而產生興致。即便這樣的遊說未必是惡意的誘惑，但內心還是發生了變化，因而不得不說這是意志薄弱的表現。原本下定決心絕不動搖，卻因他人之言改變初衷，可見意志的鍛鍊不足。尤其平時的努力更為重要，如果素來對於事物能明確擁有「這樣做」或「必須這樣做」的決心，無論其他人如何花言巧語，也不會一時不察而上當。因此，無論是誰都應該在問題尚未出現的時候致力於鍛鍊意志，遇事時從容不迫、循序漸進才是最重要的關鍵。

話雖如此，人心往往容易發生變化，就算是隨時抱持「該這麼做」或「應該如此」等堅強決心的人，也有可能急轉直下，本心在不知不覺當中受到誘惑，走向與平時完全不同的方向。之所以招致如此結果乃是因為平時欠缺精神修養，意志鍛鍊不足。可見即使是積累深厚修養、訓練有素之人，也難保不受誘惑，更何況是缺乏社會經驗的青年們，更應該特別留意。如果遇事必須改變自己一貫的主張，千萬要再三深思，切勿倉促決定；以謹慎的態度仔細思考，那麼既可以打開自己的心眼，最終也能回歸本心。千萬不可忘記，怠於自省與熟慮，是鍛鍊意志的最大敵人。

以上是有關鍛鍊自我意志的理論，由於稍嫌不足，因此接下來再以我的實際經驗加以說明。我自明治六年（一八七三）決定辭官以來，就以工商業為自己的天職，並下定決心無論如何都不會再涉足政治。政治與實業原本就是錯綜複雜，有遠見的非凡之人若是能夠巧妙周旋於兩者之間，也許會非常有趣，但像我這樣的凡人如果這麼做，只要走錯一步就有可能以失敗收場。所以，我從一開始就因能力不足放棄政治界，決定專心投身實業界。當時下定決心的時候，當然主要是我本人的意思，雖然知己朋友也給了我不少建言和勸告，但我一概謝絕他們的好意，一心一意朝向實業界邁進。儘管最初的決心如此雄壯，等到實際嘗試才發現難如自己所願。之後四十多年來，當初的信念經常受到動搖，幸虧都能臨危止步，漸漸才有了今日。現在回想起來，一路上的苦心和變化遠超過當初立定決心時的想像。

如果我的意志薄弱，在遭遇無數變化和誘惑時不小心踏錯一步，今天或許已經造成不可挽回的結果。舉例來說，在過去四十年間發生的微小變化當中，若應該向東卻走向西，姑且不論事情大小，當初的信念就會因此受挫。假使一遇上挫折便亂了陣腳，必會磨損自己最初的決心；接下來無論五十步還是一百步，都漸漸變得無所謂，此乃人之常情，最終無法止步。正所謂千里之堤潰於蟻穴，原本向右前進，卻在中途轉向左，最終破壞了自己的一生。值得慶幸的是，我每當遇到這種情況的時候都會深思熟慮，就算意志差點有所動搖，也能迷途知返、回歸本心，四十多年來得以平安度過。由此可知，鍛鍊意志之艱難實在讓人驚嘆。然而，從這些經驗當中修得的教訓價值非凡，簡單來說就是無論是多麼細微的小事，也不可以等閒視之；只要違反了自己意志，無論事情大小，都必須斷然拒絕於千里之外。一開始以為事小而輕忽，最終很可能造成無法收拾的後果，因此對任何事情都必須審慎考慮。

務必究明原因

據我觀察，世間對於乃木大將[10]的殉死評價不一，有些人雖然批判殉死的行為，卻認為乃木大將有資格這麼做；另有些人認為此風不可長，同時也有一群人讚嘆這種展現武士精神的行為，以無限崇敬的心視之為撼動社會的驚人之舉。這些評論幾乎填滿了當時所有的報章雜誌版面，乃木大將的行為可說帶給社會極大的衝擊。

我的看法幾乎與後者相同，與其說乃木大將最後的舉動十分崇高，他生前的行為更值得尊敬。換言之，直到大正元（一九一二）年九月十三日為止，乃木大將的行為純潔且優秀，因此他的死猶如青天霹靂，震撼社會。無論乃木大將殉死的動機為何，僅是一死，實在不足以帶給世間如此劇烈的影響；為此，我希望能針對前述意見做些補充。然而我與乃木大將交情不深，對其品行知之甚少，但從他殉死後各方面的評論來看，他確實是一個忠貞不二且廉潔之人，一心只為國家奉獻。根據他平生所為，可以得知他處事時往往全神貫注，一絲不苟。

尤其是軍事上的行動，更是充滿為君為國不惜犧牲一切的精神。儘管他的兩個兒子相繼於日俄戰爭中戰死，這位將軍為了國家展現堅忍之情，從未在人前掉下一滴眼淚。

將軍自年輕時候起作為一名軍人，所有事情都服從長官的命令，赴湯蹈火在所不辭。除了踏實服從之外，他在評論事情的是非善惡上，又保持不屈服於權勢的凜然之氣。也許是出於如此，他曾經因為忤逆前輩的意見遭到停職處分，可以想見就是與他堅強的意志有關。

或許有人認為他是一個偏狹激進之人，但他又具有藹然的君子風範，有時詼諧，有時以溫和的言行使人親近。對於自己率領的軍隊，他打從心裡體恤他人的痛苦，面對戰死士兵遠在故鄉的父母妻子，致上最深的哀悼。

昔日名將吳起的故事被認為是軍人佳話而廣為流傳。他曾親自替部下士兵吸出傷口的膿，令士兵大為感動，發誓一旦痊癒，必會在戰場上為將軍拚命。對此士兵的母親感嘆道：「報恩乃人之常情，但你的兄長也是因為這樣戰死。」[11]吳起為士兵吸膿究竟是出自真心還是一種戰術，也許這位士兵的母親感到有所懷疑。然而，乃木大將對於士兵的慰勞完全是發自內心的真情。不僅在軍隊時如此，在他擔任學習院[12]院長的時候，於各方面也都流露出無限的情愛。說起他的平生，絕非僅以武功誇耀於人，更富有文雅。

無論是多麼忠誠的人，如果只有一身武骨，看花沒有興致，賞月沒有感覺，這樣的人也不可取。書上雖說「武士就是要強」，但薩摩守忠度[13]在戰死之際懷裡抱著和歌的詩稿，八幡太郎義家[14]在勿來關所詠的詩歌亦是一樁美談。過去的武士兼具武勇和文雅，給人典雅高尚之感。乃木大將也擅長詩歌，且擅用平易近人的言詞表達高尚的意蘊，確實巧妙。像他在二〇三高地[15]所詠的絕句，或是描述回到故鄉愧對父老心情的詩句，又或是辭世之歌，皆是真情流露，沒有絲毫賣弄技巧，自然抒發。

或許正因為他一心為國奉獻，因此在先帝不幸駕崩之後，失去了活在世上的意義。原本無論是將來的軍事或學習院的事務，又或是當時接待英國皇族都需要他的協助，但終究都無法取代先帝駕崩之事，於是在忍所難忍的情況下決定殉死。這件事情讓將軍的心思公諸於社會，實為撼動世界的大事。因此我認為，將軍的偉大不在於他捨棄一己之生命，而是他至六十多歲為止的所有行為和思想，確實值得讚頌。

社會上的青年只看到他人的成果而感到欽羨，卻不去究明得到這個結果的原因，類似的弊病不勝枚舉。即使羨慕他人的顯達或者財富，但在獲得榮華富貴之前付出的努力談何容易。除了智識之外，身體力行和忍耐等，無疑是經過常人所不能及的刻苦經營才有這樣的結果。沒有想到這些過程，只看到結果而感到羨慕，實在沒有道理。正如對於乃木大將也僅感嘆他壯烈的一死，而沒有想到他的人格操守，就好像是看到他人的榮華富貴，徒然羨慕這樣的結果而已。我並非看輕將軍殉死一事，然而此舉之所以能夠如此撼動天下，與其說是因為死得壯烈，不如說是將軍平時的言行思想所致。

東照公的修養

東照公（德川家康）最驚人之處在於對神道、佛教、儒教等投入相當大的心力。他曾進行各種調查，並加以推廣，實屬不易。歷史學家對此已有不少評論，而我尤其對其修文政這一方面深感敬佩。佛家有一位名叫梵舜的人，由於他並非優秀的學者，因此不受東照公器重，之後改請南光坊天海調查佛教。儒教方面則首先聘請藤原惺窩，之後再以藤原惺窩的弟子林道春為官方儒家，建立卓越的宗派。不僅如此，東照公非常尊敬並看重儒教，尤其是歷史清楚記載東照公經常閱讀《論語》和《中庸》。想必各位也都記得，《神君遺訓》是一篇夾雜平假名所寫成的文章。我記得當中有一句話說道：「人的一生有如負重擔而行遠道，不可操之過急……」這段遺訓完全出自《論語》，也是東照公經常閱讀《論語》的證據。曾子有云：「士不可以不弘毅，任重而道遠。仁以為己任，不亦重乎？死而後已，不亦遠乎？」這段話出自《論語．泰伯篇》，與「人的一生有如負重擔而行遠道」的意思完全相同。此外，遺訓結尾所說的「不及猶勝於過」也是出自孔子所言；孔子說的是「過猶不及」，而東照公則更強調「勝」。相關的評論就不再多說，總之想必各位已經清楚了解，這篇遺訓與《論語》息息相關。從其他地方也可以看出東照公對於道德方面特別用心。元龜、天正年間正值亂世，社會上對於文學幾乎毫無興趣，也分不清什麼是仁義道德。在這樣的時代，不是因為有人獻策，東照公卻為振興文學煞費苦心。不僅如此，他強調的是文學的根本，尤其重視仁義道德，全然採用朱子學。後來經學雖然也衍生出眾多學派，但林家從頭到尾都以朱子學為主。東照公如此的用意實在高明，我深感敬佩。此外，值得注意的是他對佛教似乎也有深刻的鑽研。東照公一開始皈依三河的大樹寺，與寺廟的僧侶來往密切，這間寺廟本身屬於淨土宗。之後他也召見位於芝的增上寺的住持，在移居駿河之後，又任用金地院的崇傳、承兌等人，以及開闢東叡山的南光坊天海，謚號慈眼大師。天海堪稱僧侶中的英雄，雖然如此形容未免有些誇張，但他確實是僧侶當中的傑出人物。相傳他精力旺盛，高齡一百二十六歲，比大限侯預計到達的年齡還多出一年。東照公虔誠皈依天海，經常聆聽他說法。最近我也曾翻閱南光坊天海的傳記，雖然不知道持續了多長的歲月，但傳記當中記載東照公在駿河經常聽他講道，甚至有一年在九十天內聆聽了六、七十次。東照公即使隱居駿河，仍舊與江戶和京都保持書信往來，絕非過著閑散度日、悠然縱情於能樂或茶事的生活。想必他只要一有空，就會出席聆聽說法。《德川實記》當中雖沒有詳細記載，但南光坊天海作為東照公的參謀，似乎經常提出種種建言。

駁斥被誤解的修養說

談到修養，我曾經受人批判。攻擊我的說法大致有兩種，其一是認為修養傷害人性的天真爛漫，因此不可取；另一種說法則認為修養使人卑怯。對於這些不同的意見，我在此一一回答。

首先，針對修養阻礙人之本性的發達而有所不妥的說法，我認為這些人混淆了修養與修飾。修養指的是修身養德，勤勉、研究、克己、忍耐，這些都是修養。這是人為了逐漸接近聖人君子的境界所做出的努力，並沒有扭曲人自然的天性。也就是說，人一旦有了充分的修養，日復一日改過遷善，就能近於聖人。如果說因為修養而傷害了天真爛漫的性情，等於是在說聖人君子是發展不完全之人。此外，若是因為修養成為偽君子、變得卑躬屈節，那麼這是錯誤的修養，而不是我們經常所說的修養。我非常贊成天真爛漫為善的說法，然而人的七情，也就是喜、怒、哀、樂、愛、惡、欲，並非任何時候展現出來都無妨，就連聖人君子也要有所節制。由此可以斷言，修養會使人心卑怯、傷害純真的說法，可說是大錯特錯。

修養使人卑屈之說，來自漠視禮節敬虔的妄說。大致上來說孝悌忠信、仁義道德都是從日常的修養當中獲得，絕非是愚昧卑屈可以到達的境界。《大學》的致知格物和王陽明的致良知也都是修養。修養並不是像是在捏泥人，而是增加自己的良知，發揚自己的靈光。修養愈深，待人處事更能明辨善惡，在取捨去就之際不會困惑，且裁決如流；因此，說修養使人卑屈愚昧是天大的誤解。進一步來說，修養是人在增長智慧時的必要作為，由此可知修養並不輕視知識。然而今日的教育過於偏重追求知識，缺乏精神的磨練，為了彌補這一點，就需要修養。若以為修養與修學不相容，實為極大的誤解。

總而言之，修養的意義廣泛，是為了提升精神、智識、肉體、行為所做的磨練，無論是年輕人或老人都必須修習。如此孜孜不倦，方能到達聖人的境界。

以上是我針對兩種反對意見，也就是對修養無用論者所做出的反駁大要，希望各位青年能夠多加思考，極力修養自身。

有權威的人格養成法

對於現代青年而言，我認為最切實需要的是人格的修養。明治維新以前，社會的道德教育較為興盛，但隨著西洋文化的輸入，思想界發生不少變革，進入今日這般道德混沌的時代。也就是說，現代青年認為儒教古老而加以排斥，並未充分加以理解；另一方面耶穌教尚未形成一般的道德律，也沒有另外樹立明治時代的新道德。思想界因此完全處於動盪時期，國民無所依歸，不知該如何做出判斷。我不禁覺得，一般青年的人格修養似乎完全遭到閒置，這種趨勢實在令人擔憂。世界列強都擁有宗教作為道德律，相較之下唯有我國如此，作為大國之民，甚感可恥。試看社會的現象，人往往傾向極端的利己主義，甚至為了利益不擇手段；比起國家富強，總以為讓自己富裕更好。「富」當然重要，「簞食瓢飲，居陋巷而不改其樂」未必是上策。孔子所說的「賢哉，回也」是在誇獎顏淵安於清貧，當中包含「不義而富且貴，於我如浮雲」的意思，卻未必將富貶為惡。若只求一身富貴，不將國家社會放在眼裡，實在令人感慨萬千。談到富，社會人心所向如此，主要是因為世間普遍欠缺人格的修養。如果能夠確立國民應該依循的道德律，人人以此為信仰立足於世，就能自然養成人格，社會上也就不會盡是一片唯利是圖的景象。因此，我總是勸年輕一輩修養人格。青年真摯率直，且精力旺盛、活力四射，應該養成威武不能屈的人格，他日在使自己富裕的同時，也應當努力謀求國家的富強。處於沒有一定信仰的社會對於年輕人來說非常危險，因此必須自重。

修養人格的方法很多，追求佛教信仰或基督教的信念也不失為方法之一。我從青年時代開始立志於儒教，以孔孟之學為我貫徹一生的指引，因而相信重視忠信孝悌之道是最有權威的人格養成法。簡而言之，重視忠信孝悌之道乃是以仁為本，是處世上一日不可缺少的要素。既以忠信孝悌之道為根本的修養，同時更應該進一步努力啟發智能。如果智能的啟發不足，將完全無法期待在處世應對上發揮作用，進而難以圓滿成就忠信孝悌之道。唯有智能完全發達，才能在接人待物時明辨是非，樹立符合根本道義觀念的生產謀利之道。如此一來，處世上才不會出現謬誤失敗，作為一個成功的人得到善終。關於人生最終目的的成功，近來出現許多不同的意見，但若為達目的不擇手段，可說是誤解了成功的意義。有人以為只要累積財富、取得地位就是成功，對此我並不贊同。若不能以高尚的人格行正義和正道，所取得的財富和地位也稱不上是實質的成功。

商業無國境

明治三十六年（一九〇三），舊金山曾經發生學童隔離問題[16]。之後，日美之間的邦交慢慢出現疏離的傾向，但並非日本人疏遠，而是美國人逐漸討厭日本人所致。這樣的情況出現之後，如明治三十五年舊金山金門公園立告示「禁止日本人在此游泳」這般的事件層出不窮。我對美國抱有特殊的印象，且作為實業界的一分子，對日本整體的實業界費盡苦心，故對於外交上的問題也感到憂心忡忡。後來，在舊金山的日本人組織了在美日本人協會，會長手島謹爾氏特地派遣渡邊金藏回日本向我提出請求，表示他們計劃在加州組織在美日本人協會，以圖改善美國人討厭日本人的情緒，希望國內（日本）能夠理解其意義，並給予大力支持。我認為這樣的想法非常合時宜，並表明願意盡一份心力，希望在美國的各位也要全力以赴。我也與渡邊金藏氏談起明治三十五年在舊金山金門公園所見，並請他轉告會長手島氏和其他會員要特別注意。這是明治四十一年（一九〇八年）發生的事。

該年秋天，不少太平洋沿岸商業會議所的議員從美國來到日本。由於這個組織與我國東京商法會議所和各地商業會議所的地位相同，於是特別邀請太平洋沿岸商業會議所的議員組團前來日本旅行，主要也是為了促進日美兩國交好，化解所有誤會。當時來到日本旅行的議員包括舊金山的F・W・杜魯門、西雅圖的J・D・羅曼、波特蘭的O・M・克萊克等人。我在各種聚會上與這些議員交談，詳述日美關係的歷史沿革，希望借助他們的力量解開誤會。另一方面，從日本移居美國的人們由於不熟悉歐美的習慣而欠缺公德心，或是不修邊幅，或是尚未完全融入等；凡此種種缺點，重要的是要努力加以矯正，不要成為被美國人討厭的人。像今日這般只因人種或宗教不同就排斥日本人的行徑，以文明的美國人來說並不是一件好事，也違背了美國建國之初衷。美國將我國介紹給全世界，日本感恩在心，至今為止努力促進邦交的友好，但美國人卻因人種的偏見和宗教差異的偏頗之心討厭日本人，給予差別待遇，這種做法實在不應該。如果是這樣的話，那麼不得不說美國始於正義卻終於暴戾。對於我誠懇的闡述，當時來訪的商業會議所議員們都認為極有道理，展露喜悅之情。

名言佳句

君子慎以辟禍，篤以不掩，恭以遠恥。（《禮記．表記》）

（語譯）君子謹言慎行以避免災禍，篤實敦厚則不受困迫，行事恭敬以遠離恥辱。

求之有道，得之有命。是求無益於得也，求在外者也。（《孟子．盡心上》）

（語譯）求之有其正道，得之在於天命。這種追求無益於得，因為所追求的是身外之物（如富貴榮達）。

1. 即松平定信（一七五八—一八二九），江戶時代後期的大名，第八代將軍德川吉宗之孫。十八世紀後期主政時期曾推行寬政改革，但因遭到反對而未果。崇尚朱子學，著作相當豐富。
2. 指田沼意次（一七一九—一七八八），江戶時代中期的幕府老中（直屬於將軍的官員，負責統領全國政務）。掌握幕府實權後與其子意知弄權，致使賄賂橫行，人稱「田沼時代」。於將軍家治死後失勢。
3. 藤原時平（八七一—九〇九），平安前期的公卿。官拜左大臣，陷害右大臣菅原道真使其被貶為太宰權帥，確立了藤原氏在朝廷的勢力。
4. 即楠木正成（一二九四—一三三六），日本南北朝時期的武將。曾應後醍醐天皇之請舉兵討伐幕府軍，而後於湊川之戰敗給足利尊氏大軍，自殺而死。又稱「大楠公」。
5. 足利尊氏（一三〇五—一三五八），室町幕府初代將軍。初名高氏，獲醍醐天皇賜字改稱尊氏。後來發動叛變擁立光明天皇，開創室町幕府。
6. 編按：應是出自《程子動箴》，原文為：「哲人知幾，誠之於思；志士勵行，守之於為。」
7. 二宮尊德（一七八七—一八五六），又稱二宮金次郎，為江戶時代後期農政家兼思想家。
8. 藤原惺窩（一五六一—一六一九），戰國自江戶時代初期的儒學者。
9. 林羅山（一五八三—一六五七），江戶時代初期的儒學者法名道春。熱中於朱子學，受藤原惺窩影響極大；藤原亦對林羅山的聰穎相當欣賞，因此將他推薦給德川家康。
10. 即乃木希典（一八四九—一九一二），日本帝國陸軍大將，曾留學德國研究軍制及戰術。而後擔任台灣總督，並於日俄戰爭時指揮攻略旅順。戰後擔任軍事參議官以及學習院院長，於明治天皇舉辦大喪當天與妻子一同殉死。在二戰前被日本人奉為「軍神」。
11. 編按：此處應為作者誤記，此事見於《韓非子．外儲篇》，昔日因此戰死者非士兵的兄長，而是父親。
12. 專門教育皇族以及貴族子弟的學校。
13. 即平忠度（一一四四—一一八四），平安時代末期的武將兼歌人。是平清盛同父異母的弟弟。
14. 即源義家（一〇三九—一一〇六），平安時代後期的武將，亦稱「八幡太郎」。

15. 二〇三高地指的是位於中國遼東半島南端的旅順的一處丘陵，在日俄戰爭時成為戰況最為慘烈的主戰場。

16. 當時加州掀起一股排日運動，舊金山的教育委員會於是要求日本學童就讀種族隔離學校。

算盤與權利

當仁不讓於師

世人動不動就說論語主義缺乏權利思想。有人認為，缺少權利思想則稱不上具備文明國才有的完整教導。但恕我直言，這完全是評論者的誤思和謬見。的確，若僅從表面觀察孔子的教義，看上去也許缺乏權利思想；與以基督教為精髓的西方思想相比，權利思想的觀念顯然相對薄弱。然而，說這種話的人並未真正了解孔子。

相較於以宗教家身分立於世的基督和釋迦牟尼，孔子並非以宗教處世，與前者的立足點截然不同。孔子所處時代的支那，當時的風氣傾向凡事以義務為先，權利為後。在這般風氣中成長的孔子，如果拿來與二千年後思想迥異的基督相比，等於是在比較兩個不能互相比較的東西，因此這個議論從一開始就存在根本上的謬誤，兩者之間會產生差異只能說是必然的結果。然而，孔子的教誨是否真的全然缺少權利的思想呢？以下將披露個人之見，以啟蒙世人。

論語主義的教旨乃是律己。教人該怎麼做、想要成為什麼樣的人，從消極方面宣揚人道。即是說如果推廣這樣的主義，最終可以立於天下。推測孔子的本意，一開始就不是為了從宗教的角度開導人而立學說，但也不能說孔子完全沒有教育的觀念。如果孔子掌握政權，想必他一定有施善政、富國安民、充分推廣王道的意志；換言之，他最初是一個經世論者，並以此身分立於世，門人對他提出各種問題，他皆逐一回答。所謂門人，包含與各方面相關的人等，提出的問題自然五花八門，不論是問政、問忠孝、問文學、還是問禮學。《論語》二十篇就是集合這些問答紀錄而成。孔子晚年又研究《詩經》、注《書經》、集《易經》、作《春秋》，如福地櫻痴居士[1]所說，孔子直到六十八歲後的五年間，才真正用心於傳道講學。孔子生於缺乏權利思想的社會，且不是引導他人的宗教家，因此孔子學說中關於權利思想的闡述不明確，也是不得已的事。

反觀基督教的教義則充滿了權利思想。猶太、埃及等地的國風原本就相信預言者所言，因此存在許多預言者。從相當於基督祖先的亞伯拉罕到基督為止的約二千年間，出現了如摩西、約翰等諸多預言者，他們或預言將有聖王降臨，或預言將出現如君主一般率領世人的神。基督剛好出生在這個時候，國王相信了這些預言者的話，以為將有人取代自己統治世人，於是下令殺害附近所有嬰孩；所幸基督被母親瑪利亞帶往他處，逃過一劫。基督教實際上是在如此虛妄夢想的時代下誕生的宗教，因此教旨屬於命令式，權利思想亦較為濃厚。

然而，基督教所說的「愛」與論語所教的「仁」幾乎一致，差別在於主動與被動。例如，基督教教人「己所欲，施於人」，孔子則從反方向主張「己所不欲，勿施於人」。乍看之下會以為孔子只講義務，而沒有權利觀念。然而，正所謂兩極相通，兩者最終的目的是一樣的。

我認為作為宗教上的經典來說，基督教的教義較好，但以人類應遵守的道理來說，孔子的教導更好。這也許是我的一家之言，但提高我對孔子信賴程度的關鍵，在於沒有任何奇蹟的顯現。無論是基督或釋迦，都展現過許多奇蹟。耶穌在被釘十字架三天後復活，這顯然是個奇蹟。由於這並非常人的事蹟，因此無法斷定絕無此事，或者應該說並非一般人的智慧所能測知之事；但若完全相信，則有陷入迷信之虞。如果將所有事蹟都當成事實，那麼智慧就會變得黯淡無光。承認一滴水比藥物更有效、陶盤上燒熱的艾灸具有療效等，由此產生的弊端非同小可。日本被認為是文明國，但寒冬中穿著白衣參拜、撒豆驅魔的習俗依舊不能斷絕，就算被嘲諷為迷信之國也無可奈何。然而孔子完全沒有這種忌諱，這也是我深信孔子的原因，也因此產生真正的信仰。

從孔子所說的「當仁不讓於師」便可以證明，《論語》確實也含有權利思想，即只要道理正確，就該堅持自己的主張。老師固然值得尊敬，但對於仁，即使是老師也不相讓。這句話不正是權利觀念的體現嗎？不僅這一句話，只要廣泛涉獵《論語》各章，就可以找到許多類似的教誨。

金門公園的告示牌

我第一次旅行歐洲是在舊幕府時代。於慶應三年（一八六七）前往法國，滯留約一年，之後巡遊其他國家，對歐洲諸事略知一二。可惜的是當時沒有旅行美國，直到明治三十五年（一九〇二）才首度前往。過去雖然不曾踏上美國的國土，但十四、五歲的時候就已經知道這個國家，且特別注意日本與美國的外交關係。由於兩國的關係進展非常順利，因此每當聽到美國兩字，總覺得悅耳親切。第一次拜訪美國的時候，所見事物都令我歡心，幾乎有一種回到故鄉的感覺。最初是從舊金山登陸，對於接觸到的各種事物不禁興致勃勃；然而有一件事卻大大刺傷了我的心，那就是前往金門公園游泳池的時候，池邊的告示牌上寫著「禁止日本人在此游泳」。這讓對美國充滿好感的我訝異不已，於是詢問當時駐舊金山的日本領事上野季三郎，為什麼會出現這樣的告示牌？他說明道：「這是因為有移居美國的日本年輕人前往公園游泳池的時候看到正在游泳的美國婦女，於是潛入水裡去拉她們的腿。由於類似的惡作劇層出不窮，所以才會出現這樣的告示牌。」我當時非常驚訝，說道：「這是日本年輕人行為不檢點造成的後果，然而就連這樣的小事也會使日本人受到差別待遇，實在令人痛心。如果這類情況增多，不知道兩國之間會發生多麼令人擔憂的事情。東洋人和西洋人原本就因為種族宗教的關係，彼此雖然親近卻也稱不上完全融合，現在又發生這樣的事，確實堪憂。希望領事能夠特別注意。」這是發生在明治三十五年六月初的事情。接下來我一路經由芝加哥、紐約、波士頓、費城，最後來到華盛頓，拜見當時的總統羅斯福，另外也會見了哈里曼、洛克菲勒、斯希爾曼等美國著名人士。第一次晉見羅斯福氏的時候，他頻頻對日本的軍隊和美術發出讚賞之詞。他說日本的士兵勇敢且富軍略，同時具有仁愛之心，既節制又非常廉潔。如北清事變[2]的時候，日本軍與美軍共同行動，對於日本軍隊的善良，深感敬佩。此外，他又稱讚日本美術擁有一種無論歐美人如何羨慕也無法企及的韻味。我當時回答道：「我是銀行家不是美術家；我也不是軍人，所以不懂軍事。現在閣下對我讚賞日本的軍事和美術，希望下次再見的時候，能夠聽到對日本工商業的讚賞之詞，我雖不才，但希望能帶領國民朝這方向努力。」對此，羅斯福氏說道：「我並不是因為覺得日本的工商業不發達，所以才誇獎其他方面。而是因為首先注意到了軍事和美術，因此覺得面對日本的有力人士應該先講述日本的長處，絕非輕視日本的工商業。我的措辭不夠恰當，還請不要介意。」我回答：「我完全不介意。我非常感謝閣下誇獎日本，且如今正傾盡全力讓工商業成為日本第三個長處。」我們彼此敞開心胸進行了這次談話。之後，我又在美國各地與許多人會面，接觸各種事物，結束這一次愉快的旅程回國。

唯有王道

如社會問題和勞動問題等，僅靠法律的力量無法解決。例如在一個家族裡，父子兄弟乃至親屬，如果各個都主張權利義務，凡事皆仰仗法律裁決，那麼人情自然會變得險惡，導致人與人之間築起高牆，遇事就針鋒相對，根本無法期望一家和氣團圓。依我所見，富豪與貧民的關係也是如此。過去，資本家與勞動者之間靠著如家人一般的關係來維持；如今突然制定法律，依法監督管理，雖然立意良好，但實施的結果真能合乎當局的理想嗎？勞資之間多年來好不容易建立起不可言喻的情感，一旦立法明確規定兩者的權利和義務，難道不會使兩者的關係疏遠嗎？如此一來，為政者煞費苦心卻徒勞無功，甚至與原本的目的背道而馳，因此這個問題顯然有必要更加深入討論研究。

試說一下我的期望。制定法律固然很好，但盡可能不要因為立了法，所以凡事都只仰賴法律的裁決。如果富豪和貧民都能本著王道，也就是本著人類行為的準則行事，我認為這將遠勝過百條法律、千條規則。換言之，資方本著王道對待勞工，勞工也本著王道對待資方，認知事業的利害得失是兩者共通之處，彼此自始至終都以同理之心相互努力，如此才能得到真正的調和。在這種情況下，權利和義務的觀念可以說除了疏遠兩者的感情之外，沒有任何其他效果。過去我遊覽歐美的時候，親眼目睹如德國的克虜伯（Krupp）公司、美國波士頓附近的沃爾瑟姆鐘錶公司（Waltham）等，這些公司的組織都極為家庭式，看著勞資雙方一團和氣，不禁令人讚嘆。這正是我所謂的王道所展現的圓滿結果。若能如此，法律的制定幸能成為一紙空文。要是能達到這樣的境界，勞動問題也就不足介意了。

然而，社會上並沒有深刻意識到這一點。有人只想著要強制改變貧富差距，但無論哪一個社會或哪一個時代，都一定存在著貧富差距，差別只在於程度的不同。當然，所有國民都希望成為富豪，但人有賢與不肖之別、能與不能之差，不可能所有人都一樣富有，因此財富的平均分配只是無法實現的空想。簡而言之，如果世人以為是因為有富者才會出現貧者，並藉此來排擠富人，那麼又該如何才能富國強兵呢？個人的財富也就是國家的財富，如果個人無欲求富，國家如何才能富足？正因為希望國家富強、個人榮達，人們才會日夜努力。這樣的結果造成了貧富差距也是理所當然，除了看成是人類社會不可避免的宿命之外，別無他法。話雖如此，經常保持雙方關係圓滿、努力協調，此乃有識之士一日都不可缺少的決心。如果因為這是人類社會的宿命而放任不理，最終勢必會引發大事。因此，作為防患於未然的手段，我懇切希望能夠振興王道。

善意和惡意的競爭

彼此同為實業家，我特別想與從事出口貿易的各位談談商業道德。雖然乍聽之下會以為只有商業才論道德，然而作為人在社會的行為準則，道德的要求對象其實不僅限於商業家。商業有商業的道德，武士有武士的道德，政治家也有政治家的道德；這就好像是官服制度的規定，有的三條，有的四條線，並非稀奇之事。道德是人道，所有人都必須遵守。正如子曰：「孝悌也者，其為仁之本與。」從培養孝悌之心出發，再逐漸擴展至仁義、忠恕，這些被總稱為道德。然而今天要談的不是這種廣義人道的道德，而是在商業上，特別是出口業務，需要多加留意的競爭道德；當中我尤其希望強化嚴格遵守雙方約定的道德觀。所有事物的發展都必須要有競爭才會進步，因此競爭確實是努力或進步之母，但也分為善意和惡意兩種。進一步來說，每天比別人早起，把事情做好，以智慧和努力勝過他人，這是所謂的善意競爭；然而看到他人所為受到社會好評，而興起想要模仿或掠奪的念頭，甚至從旁妨礙，這就是惡意競爭。雖然競爭大致可分為善與惡，但事業卻有千百種，因此競爭的情況也可無限細分。如果競爭的性質不善，即便自身有利可圖，卻不僅妨礙了他人，最終自己也會蒙受損失，甚至拖累國家。也就是說，如果日本的商人不檢點，就會受到外國人的輕蔑，進而帶來極大的弊害。我相信在場的各位都不會如此，否則還請聽我苦口婆心的勸告。聽聞社會上類似的弊害叢生，尤其是雜貨出口的生意等，經常發生惡性競爭，出現缺乏道德的行為。這麼做不但損人害己，也會傷害國家的信譽。明明彼此都是為了提升工商業者的地位而努力，這樣的行為卻只會帶來反效果。

那麼要如何經營才好呢？沒有具體的事實很難說明，但我認為重點在於努力從事善意競爭，盡量避免惡意競爭。也就是說，重視彼此間的商業道德，如此一來就不會因為努力過頭而陷入惡意競爭。我相信即使不讀《聖經》、不諳《論語》，也能掌握這個分寸。人們把道德想得太複雜，說到東洋道德，漢文洋洋灑灑一字排開，最終變得好似茶道的儀式，成為一種冠冕堂皇的口號。勸說道德的人和履行道德的人毫不相干，實在不是一件好事。

所有的道德都應體現在日常生活之中，例如守時也是道德；當讓人之時禮讓也是道德；有些事情，提早準備讓人安心也是道德；遇事時秉持俠義之心也是一種道德，乃至於販賣物品也包含道德。所以，道德是無時無刻不存在的。把道德看得晦澀困難，以致將其束之高閣，卻又說要從今日開始履行道德、這個時間是道德的時間等，其實道德並不是這麼麻煩的東西。工商業等在競爭上的道德，就是如我之前反覆所述的善意競爭和惡意競爭，如果是妨礙他人奪取其利益的競爭，即是惡意的競爭；相反地，對於商品精益求精，同時不侵犯他人的利益，即是善意的競爭。其中的分界只能靠個人的良心去判斷。

簡單來說，無論從事哪一個行業，都應當努力做好自己的工作，也必須小心謹慎，追求進步。同時謹記在心，萬不可進行惡意競爭。

合理的經營

看到現代實業界的傾向，出現了一些惡質的幹部，將許多股東委託的資產當作是自己的資產一樣任意使用，謀取私利。公司內部變得宛如惡人的溫床一般，公私不分，策劃各種祕密行動，可謂是實業界令人痛心的現象。

比起政治，商業的經營原本不應該有機密。然而因為銀行的性質特殊，總有不得不保守的秘密。例如誰貸款了多少、以何為抵押等，在道義上具有守密義務。此外，一般的買賣雖說無論如何都必須正直，但這個商品進價多少、現在賣出可以獲利多少等，其實沒有必要特地告訴社會大眾。換句話說，只要沒有不正當的行為，保持沉默未必具有道德上的瑕疵。然而除此之外，如果把有說成無，無說成有，這等全然的弄虛作假就絕不恰當；因此，貨真價實的買賣可說沒有所謂的機密。然而看到社會上實際的情形，公司裡存在沒有必要的秘密，在不應該的地方謀取私利等，這究竟是為何呢？我可以毫不猶豫地斷定，這是用人不當的結果。

那麼，只要任用對的人擔任要職，禍根就會自然消滅了嗎？適才適所不是一件容易的事，現在還是有許多能力不足卻身居高位的人，例如公司的一些掛名董事或經理，也就是所謂虛名的幹部。他們思想淺薄，令人討厭，但也因為他們的願望很小，所以不用擔心會做出什麼太大的危害；此外有些人雖然是好好先生，卻缺乏經營的手腕。如果這種人身居高位，自然沒有能力辨別部下的善惡，也沒有查閱帳簿的眼力，進而不知不覺中放任部下，即使不是自己犯下的錯，最終還是有可能陷入無可挽救的地步。比起前者，這種人罪過更深，儘管他們顯然都不是故意作惡的上位者。還有人比上述兩種人更進一步，把公司當作自己謀取榮達的跳板或圖利的機構，像這樣的罪過簡直不可饒恕。

他們的手段包括聲稱必須抬高股價否則不利經營、作假帳謊報營收、進行虛假的紅利分配、假裝已經支付實際上未繳納的股金等，企圖蒙蔽股東。這些都是明顯的詐欺行為，然而他們惡劣的手段不僅限於此，更甚者挪用公司的資金投機或投入個人事業，儼然與竊盜無異。歸根究柢，會發生這些弊害是因為當事人缺乏道德修養，如果居高位者能誠心誠意地忠於事業，也就不會犯下這樣的錯誤。

我在經營事業的時候，一向本著對國家有貢獻，且合乎道理的原則。即使事業微不足道，自己的利益微薄，但只要是合理經營國家需要的事業，我都樂意去做。因此我以《論語》作為商業上的「聖經」，努力不逾越孔子之道。而我對企業經營上的見解，便是比起個人的利益，不如造福社會大眾。為了帶給社會多數利益，必須穩固經營自己的事業，使之繁榮昌盛，我時刻牢記著這一點。我記得福澤先生曾說：「即使著書，如果讀者不多，則效果很低。比起自己，著者必須秉持有利社會的觀念執筆。」實業界也不例外，若無益於社會多數，則稱不上是正當的事業。假設一個人成為大富豪卻使社會多數人陷入貧困，這樣的事業又有什麼意義？這種人無論累積多少財富，幸福也無法長久。所以要追求致富，就必須講求讓國家多數致富的方法。

名言佳句

志以發言，言以出信，信以立志，參以定之。（《左傳．襄公二十七年》）

（語譯）發自心志說出的話顯示人的誠信，維持誠信則能通心志。三者（志、言、信）兼具才能安身立命。

---

1. 即福地源一郎（一八四一－一九〇六），幕末至明治初期的武士，也是作家、劇作家與政治家。
2. 即義和團運動引發的八國聯軍之役。

實業與士道

武士道即實業之道

武士道的精髓是正義、廉直、俠義、敢為、禮讓等美德。雖然總稱為武士道，但當中其實包含非常複雜的道德。這個屬於日本精華的武士道，自古以來僅盛行於士人社會，委身殖產功利的商人之間則缺乏這股風氣，對此我甚感遺憾。古代的工商業者對於武士道的觀念有很大的誤解，以為正義、廉直、俠義、敢為、禮讓無助於生意，所謂「志士不飲盜泉之水」的風氣，對於工商業者而言是大忌。雖然這是時勢使然，但正如士人需要武士道，工商業者也不能沒有道德，認為工商業者不需要道德乃是錯誤的見解。

換句話說在封建時代，認為武士道與殖產功利背道而馳的說法，就如同後儒認為仁與富不能並行，同樣都是謬誤。兩者並沒有相悖的理由，今日想必已經受到世人的認同和理解。孔子所說的「富與貴是人之所欲也，不以其道得之，不處也；貧與賤是人之所惡也，不以其道得之，不去也」，這正是符合武士道精髓之正義、廉直、俠義等觀念。孔子的教誨所說的賢者身處貧賤而不改其道，與武士上戰場絕不退縮的決心相似；若不能以其道得之，即使得到富貴，亦不能安處。這與古時候武士若不能以其道取之，則分毫不取的意義相同。如果是這樣的話，富貴也是聖賢所望，貧賤則非聖賢所求。只不過聖賢以道義為本，富貴貧賤為末，相較之下古代的工商業者卻反其道而行，最終變成以富貴貧賤為本，道義為末。這不正是最大的誤解嗎？

武士道並不僅限於儒者或武士，當中其實也存在文明國的工商業者所應遵循之道。泰西（西方）的工商業者彼此尊重人與人之間的約定，一旦立下約定，即使有損益也必會履行，絕不背約。能夠做到如此，乃是出自堅定的德義心之下所發揮的正義廉直觀念。然而日本的工商業者至今尚未完全跳脫舊有的習慣，動輒無視道德觀，追求一時之利，這樣的傾向讓人困擾。歐美人經常批評這是日本人的缺點，商業交易上無法完全信任日本人，這對我國工商業者而言是非常巨大的損失。

一般而言，人大多容易忘記處世的本旨，就算利用旁門左道，也要滿足私利私欲，又或諂媚權勢，以謀求自身的榮華富貴。這些都相當於無視人類行為之標準，如此絕對無法永遠維持其地位。若有志於處世立身，無論其職業為何，身分如何，始終以自力為本位，無時無刻不背離正道，專心力行，之後謀求富貴榮華不懈怠，這才是真正有意義、有價值的生活。如今，只要將武士道化作實業道即可。說到底，日本人必須以貫徹大和精神的武士道立身；無論是商業或是工業，如果能夠本著這樣的心，就如同日本經常在戰爭上位居世界優勢一般，工商業方面也必能與世界各國一較高下。

文明人的貪戾

關於整個歐洲的事變[1]，可以說完全出乎我的意料。對此觀察有誤的我，很擔心自己將來是否也會預測失準。然而，我的觀察之所以出錯，是因為人類的暴虐程度遠超乎原先想像。古訓有言「一人貪戾，一國作亂」，這正是現在整個歐洲的情況。這個不應該出現在文明世界的現象導致我的觀察出了差錯，一方面也許是我的智識有所不足，另一方面我也不禁冷笑，這不正是文明人貪戾的結果嗎？

大戰究竟會如何收場，並非我這般淺視之輩可以預測，但結局不外乎列強皆精疲力盡，或一方威力大減，在極端的條件下結束戰爭。歷史家曾說只要經過百年，地圖就會出現變化，而我們也必須從中預測工商業勢力的變遷。將來的工商業將如何變化呢？面對變化，我們又要以什麼樣的決心進行何種應對？這正是我們應該要考慮和注意的重點。我不喜歡談論政治，尤其是軍事，更不具備這方面的知識；因此，我所說的單純僅限於工商業方面。隨著今後地圖改變，工商業勢力範圍也會出現變化，做好適當準備並加以執行的責任，當然落在未來當事者的身上。所謂未來的當事者，也就是現在的青年。年輕人應從今日起好好思考，謀求對策。

無論是哪一個國家，為了發展自家的工商業，都會向海外拓展販賣國產商品的通路。此外面對人口增加，除了謀求領土擴張之外，也會以各種策略擴大自己的勢力。現在歐洲列強之所以雄飛五大洲，正是因為如此；只要佔據優越的地位，就能被稱作優越的國家。如德國皇帝這次的行動，就是出自這樣的想法。一直以來，皇帝要留意國內的生產和國外的殖民並非易事，若是仔細觀察，或許甚至會有人覺得皇帝何必為此費心勞神。舉例來說，英法在工商業上互相競爭，日俄戰爭之後看到日本的雜貨在各地受到歡迎，於是立刻加以仿效。總而言之，他們的國家對於學術和技藝盡量給予保護和方便，工商業經常與政治和軍備相連，中央銀行也盡力讓工商業便於行事，提供資金上的通融，不難看出他們如何上下齊心，致力使國家富強。此外在學問方面，化學、發明、技術、精工等亦是蓬勃發展。由於這次戰亂，導致遠在他方的我國缺乏藥品和染料等，可見這些國家的勢力早已擴展至世界的每一個角落。雖說只圖自己國家發展的貪戾之心確實可惡，但官民齊心追求國家富強的努力卻讓人感到佩服。

反觀我國的工商業，多數由於不統一而蕭條，尤其受到戰亂影響，生絲的價格下跌，棉線和棉布的販賣通路停滯，整體交易陷入委靡不振、有價證券價格下跌，無法開展新事業的狀態。然而，不難預測這些早晚都會恢復，因此從業者這時必須鼓起龐大的勇氣，挺過一時的困難。另一方面，我認為這場大戰也是必須抓住的大好時機。目前的不景氣讓我國的實業家畏縮不前，但這是非常消極的表現。只要我們不弄錯著眼點，在戰爭時累積充分的研究，便可逐漸看到實際的效果。尤其是對支那的工商業不僅地理位置接近，且比起歐美人，人情風俗也相對類似，彼此淵源深厚；然而，雙方的關係與其他列強相比往往大為遜色，這一點實在令人心寒。我們應該努力開發支那的資源，推進其產業，擴大其販賣通路，增加通商上的利益。綜觀我國民至今為止對於支那工商業的經營態度，幾乎都是個別行動，彼此之間很少聯繫。正如德國的政治和經濟機關統一且保持密切的關係，儘管我國的歷史和人種等都與德國不同，但絕不可落人之後。我尤其希望年輕一輩能夠擁有這樣的決心，還盼望各位青年注意到這一點，並投入心力。

以相愛忠恕之道交往

日本與支那屬於同文同種的關係，無論是從相鄰的地理位置，或是自古以來的歷史，又或是思想、風俗、興趣的共通點來看，都是必須相互提攜的兩個國家。那麼，如何才能得到相互提攜的實效呢？方法無他，唯有理解人情，做到己所不欲，勿施於人，以所謂的相愛忠恕之道交往。這也是《論語》其中一篇所提到的方法。

我一向主張商業真正的目的在於互通有無，彼此得利。生產逐利的事業也要講求道德，才能達到真正的目的。我國在與支那發展事業的時候也要秉持忠恕的觀念，在謀求本國利益的同時，設法讓支那獲利。如此一來，兩國真正得到相互提攜之實效，絕非一樁難事。

首先值得一試的就是開發事業，意即打開上天賜與的寶庫，開發支那豐富的資源，增進國家財富。經營的方法以兩國國民共同出資的合作形式為最佳。除了開發事業之外，其他的事業也要採取兩國合作的形式，如此一來雙方就會產生密切的經濟鏈，彼此之間得以建立真正的提攜。與我有所關連的中日實業公司，就是在這一層意義之下成立，也是我之所以希望它成功的原因。

我透過研究史籍而尊敬支那，尤其是從唐虞三代至後來的殷周時代，可說是支那文化最發達、最光彩奪目的時代。至於科學知識，當時史籍記載的天文紀事雖然與今日的學理不合，但將昔日諸事與現在的支那相比，真有今不如昔的感慨。而後，西漢、東漢、六朝、唐、五代、宋、元、明、清，通覽所謂二十一史，各朝大人物輩出，且秦建立萬里長城，隋煬帝修築大運河。姑且不論當時這些大事業的目的為何，但其規模之大，非今日所能比擬。從史籍當中一窺唐虞三代至殷周時代的絢爛文化，馳騁一己之想像，這次（大正三年春天，一九一四年）實際踏上支那的土地考察民情，就好像透過極為精緻細膩的繪畫想像美人真正的模樣，直到實際見到本人，才發現不及想像中的美麗而感到遺憾。一開始的想像愈美好，失望也愈深，可說是適得其反。去到儒教發源地的支那各處，反而經常要我講述《論語》，真是奇觀。

其中最令我感嘆的是，支那有上流社會，也有下層社會，卻沒有作為國家中流砥柱的中產階層。儘管有不少無論是見識或人格都極為卓越之人，但在觀察整體國民的時候發現，個人主義和利己主義發達，缺乏國家觀念，欠缺真正的憂國之心。國家不存在中產階級和國民普遍缺乏國家觀念，可謂是支那現在最大的隱憂。

征服自然

隨著世間文明的進步，人類能以智慧征服自然，無論海上或陸上，便利的交通縮短了世界的距離，著實令人吃驚。支那過去有天圓地方之說，認為我們居住的大地為方形，且除了本國之外，幾乎不承認他國的存在。我國當初也受到如此偏狹見解的誘導與啟發，只要說到日本以外的國家，只會立刻聯想到唐天竺[2]，更不知世界為何物，作夢也想不到有五大洲的存在。我記得幼時聽過的童話中，有一隻大鵬展開雙翅時的長度可達三千里[3]，但即便如此依舊看不見世界的邊際。

既然世界如此廣大無邊，想要以人的智慧一探究竟，談何容易。然而隨著文明的進步，交通工具日益發達，地球兩地的距離逐漸縮小，最近半世紀的變化恍如隔世。回顧一八六七年拿破崙三世在位時，法國巴黎舉辦了世界博覽會，當時德川幕府差遣將軍的親弟德川民部大輔為特命使節，我亦作為其中一名隨行人員一同前往歐洲。一行人從橫濱登上法國的郵船，經由印度洋和紅海來到蘇伊士地峽。當時法國人雷賽布（Ferdinand

Marie Vicomte de Lesseps）已經開始著手開鑿運河的大工程，但由於尚未完成，一行人只能下船登陸，轉乘鐵路橫貫埃及，經過開羅抵達亞歷山大，再乘船航行地中海。距離從橫濱出發經過了五十五日，才終於抵達法國馬賽。翌年冬天回國時又經過該地，但運河依舊尚未完工。

後來（一八六九年十一月）蘇伊士運河開通，各國的艦船皆可通行，為歐亞的交通開啟新局面，兩者之間的貿易、航海、軍事、外交都產生極大的變革。

同時，各國船艦的體積日益增大、速度加快，不僅是大西洋，就連太平洋的距離也逐漸縮小。此外，橫貫西伯利亞的鐵路完工，歐亞交通與東西方的聯絡至此迎來新的紀元，逐步實現真正的天涯若比鄰。

然而令人遺憾的是，美洲大陸的半腰有一個帶狀地峽，地形宛如蜿蜒的長蛇，縱貫南北，阻擋了大西洋和太平洋的聯絡。為了排除這個障礙，雷賽布等人嘗盡苦頭，但依舊不幸以失敗告終。儘管如此仍想著不能輕言放棄，於是在我國東鄰友邦的偉大助力之下，終於完成開鑿巴拿馬地峽的一大工程，南北之水相通，東西兩半球完全互通有無。

東方有句諺語「命長恥多」，但近五十年來，世界交通的發達和海運距離的縮小如此顯著，前後有如天壤之別，一想到此，我十分慶幸生在這個時代，命長反而是值得喜悅的幸福。

告別模仿時代

正如有識之士所反覆強調，我國國民在思想上存在著必須破除的惡習，即偏重舶來品的壞風氣。就如同沒有必要因為是舶來品而加以排斥，自然也沒有過於偏重舶來品而輕視國產品的道理。然而，當今只要是舶來品就是好東西的觀念深入普及於國民上下，實在令人感嘆。日本文明近來的發展，多數是從歐美移植過來，過去就已經苦於歐化主義的流行，今日偏愛舶來品的趨勢，可說是其餘弊。明治維新以來已經過了半世紀，日本今日也已成為東洋的盟主、世界的一流國家，醉心歐美的夢，究竟還要做到何時？輕視本國的短見還要持續到何時？實在是沒有骨氣。只要貼上外國的標籤，就被威脅這塊肥皂是好的；如果不喝屬於舶來品的威士忌，就害怕被認為是落伍的人，這樣如何才能保持獨立國家的權威和大國之民的胸襟呢？國民的醒悟乃我深切所望，我們必須告別今日醉心的時代，離開模仿的時代，進入自動自發、自主自得的境界。

經濟的原則在於互通有無，我絕非意在鼓吹排外思想。事物的得失往往結伴而行，早年頒布《戊申詔書》[4]的時候，許多人誤以為這是極端不合理的消極主義，當局為了貫徹這個旨意焦頭爛額。將這個獎勵國產的宣傳視為極端的消極主義或排外主義，不僅令發起人為難，也可能進一步招致國家的巨大損失。互通有無是數千年前就已經道破的經濟原則，一旦違反這個大原則，經濟不可能有所發展。就一縣的範圍來說，佐渡產金、越後產米；就一國的範圍來說，台灣產砂糖、關東地方產生絲。若擴大至國際間，美國產小麥、印度產棉花，根據地理環境的不同，出產的物品也不同。我們應該吃麵粉、買棉花，同時販賣我們的生絲和棉線。重點在於生產適合我國的東西，不要過度購買不適合國人之物。

其次，我們有必要對獎勵會的事業加以選擇。僅是口頭的獎勵沒什麼效益，既然有了獎勵會的組織，為了貫徹其目標，一定要從實際的事業著手，作為天下的模範。獎勵會眼下除了發行會報之外並沒有具體的措施，但如同規章中所寫，今後將進行國產的調查研究、舉辦評選、充實商品陳列賣場、應對大眾的疑問、實施出口獎勵政策等。尤其是設立研究所、注意產業情況、介紹市場和產品、接受實驗分析和證明的委託等，這些想必都大有裨益。事業的成敗仰賴每個人的雙肩，因此所有人都必須為獎勵會的發展和活用投注心力。

最後，我想向當局者建言。大幅獎勵固然重要，但如果不合理，終究會變得勉強。善意的做法很可能因此招致不好的結果，原以為是保護，卻反而成為干涉和束縛。我懇切地希望尤其在商品實驗和介紹之際，必須拋開私利私情，一切以國家為念，勿忘公平和善意。此外，勢必一定會有商人趁著鼓勵使用國產品的機會，粗製濫造一些無用之物，欺瞞善良的國民，中飽私囊。如此也會阻礙國產商品的發展，必須提高警戒，防止此類不肖之徒輩出。

提高效率的方法

關於提高效率這一點，我們，尤其是我，始終覺得羞愧，也為大家添了麻煩，只因許多事情由於處理方法不妥，浪費了寶貴的時間。事物愈發展，愈需要注意這個問題。一旦問題變得嚴重，就會大幅降低效率。效率不好雖然是對職工說的話，但不僅是職工，處理一般事務的人也必須確實分配時間，在時間內完成工作，沒有絲毫拖延。不需要投入太多人力也能完成許多工作，這就是提升工作效率，其他事務亦然。我雖然是這麼想的，然而難道只有我不得其法，其他日本人都能掌握要領，一日工作好幾個小時嗎？但事實上，絕對不可能像時鐘的刻度一般，將工作的分量準確無誤地分配在執勤時間裡。有時可能會用上許多不必要的人員，一次就可以解決的事，卻讓人跑了三趟還做不好。我曾在美國費城受到沃納梅克（John Wanamaker）[5]的招待，對於他安排時間的方式，著實感到佩服。原來如此，只要這麼做，短時間內就可以處理許多事情，確實完成一天的工作。名叫池田藤四郎的人曾在雜誌上寫到，有位叫泰勒的人很早就大力提倡節省手續的方法。由於是提倡效率的理論，我一開始以為只是針對工廠職工，實則並非如此，而是與日常身邊之事息息相關。沃納梅克接待我的情形並沒有什麼特別；他事前跟我說，匹茲堡的火車剛好於五時四十分抵達費城，到時他會安排汽車接送，六點前就可以抵達他店裡，因此請我不要去飯店，直接過去。我依照他的指示，抵達費城後沒有先去飯店，而是立刻乘車前往他的店面，約於六點二分、三分到達。沃納梅克已經在店裡等我，並隨即帶我參觀一圈。店面之大著實令人吃驚，入口處插著兩國巨大的國旗，華麗的燈具光彩奪目；當天許多客人都在等待沒有離去，看起來就好像是遇到了大劇院散場一般，人滿為患。我隨著主人引領的腳步，首先穿過一樓的陳列場沿路參觀，之後乘電梯上二樓，最先看到的是廚房，打掃得非常乾淨。這裡專門負責為貴賓準備料理，另外還有為一般客人做菜的地方，也看了看廚師的樣子。接下來參觀了秘密會議室，這裡是店裡協議機密的寬闊空間，可容納四、五千人在此開會。再來是進行教育的場所，用來提供店裡的人所需的教育，大約花了一小時左右參觀。結束參訪後大約七點，當我準備回飯店的時候，沃納梅克說道：「明早八點四十五分來拜訪您。想必這個時間您已經用完早餐了。」我回答：「是的。」隔天早上八點四十五分，沃納梅克準時來訪。他說：「我希望與您長談，談到正午為止可以嗎？」「好的。」我答道。之後便開始談論他致力於主日學校的理由。他問了我的出身，談話愈來愈深入，不知不覺當中比他預期的時間超出了一個小時。他說：「已經到了午餐時間，我先回去了。下午兩點再過來，請您準備好等我。」下午兩點，他又準時抵達，帶我參觀主日學校的禮堂。我不確定禮堂是否為沃納梅克所建造，但這座壯觀的建築可以容納二千人。當時裡面有許多會員，他表示平時就是如此，「並非因為您過來才特別招集眾人。」牧師講道，又帶領大家唱讚美詩歌。結束後，沃納梅克上台演講，並介紹了我，又請我發表對主日學校的感想，於是我也上台演說。沃納梅克直接在大家面前向我提出「放棄儒教，改信基督教」，令我有些尷尬，不知如何回答。結束後，沃納梅克隨即前往隔壁的婦女聖經研究會發表演說，接著又前往位於一、兩條街外，由勞動者聚集而成的聖經研究會，對大家說道：「這是來自東洋的老先生，大家一定要與他握手。」於是四百人全部都來跟我握手。這些勞工手勁很大，握到我的手都有些疼了。到了五點半左右，由於沃納梅克六點有約必須前往鄉下，因此我們在飯店前告別之際，他說：「還想與您再見一面，有沒有什麼辦法呢？」我回答：「我將於三十日前往紐約，會停留到翌月四日。」他便說道：「我二日有事要去紐約，到時候再見一面吧。」「幾點？」「下午三點必須離開。」「那麼兩點至三點之間，我去您紐約的店裡拜訪。」二日下午兩點半、快三點的時候，心想有些遲了會給人添麻煩，於是急忙前往。一到，他說：「您能來我很高興。」「我也很高興。」沃納梅克接著說：「由於沒能招待您吃飯，想送您幾本書。」於是他送給我林肯的傳記、格蘭特將軍[6]的傳記以及其他書籍，並向我簡單講述兩人崇高的人格，他本身還擔任格蘭特將軍歡迎委員長。說完後隨即與我告別，當中沒有絲毫浪費時間，說的話也很得體，讓我敬佩不已。如果行事都能像他這樣沒有一絲浪費，想必可以提高之前所說的效率。雖然不是在製造東西，但浪費時間就好像製造東西的時候兩手空空一樣。除了彼此注意不要浪費人力之外，也要留心避免浪費自己的時間。

究竟責任在誰？

世人動不動就說，維新之後的商業道德，不但沒有伴隨文化發展而進步，反而逐漸衰退。然而，道德究竟為何退步？為何頹廢？我苦於探究其理由。比起過去的工商業者，今日的工商業界人士者難道就富有道德觀念，都非常重視信用嗎？對此我敢斷言今日確實遠優於過去，但比起其他事物的進步，道德卻相對落後，正如同前面所述，對於世人的說法無可反駁。然而我們處在這個世上，必須探究出現這種批評的理由，盡早提升道德，使其能夠與物質文明並駕齊驅。在先前陳述的方法之下，講求道德是先決條件。這並不需要特別的工夫或方法，只需在日常生活之中留心，絕非困難之事。

維新以來，物質文明急速發達，道德卻沒有隨之進步。世人注意到這個不對稱的現象，視之為商業道德的退步。用心修養仁義道德，使其能夠與物質並行，這無疑是眼下的當務之急。然而從另一方面來看，每當接觸到外國的風俗就想立刻應用到我國，未免有些強人所難。國家不同，道義觀念自然也不相同，應該仔細觀察社會的組織風俗，思考自祖先以來的素養習慣，培養出適合該社會的道德觀念。舉例來說，「父召，無諾；君命召，不俟駕」正是日本人對君父的道德觀念。「聽到父親召喚，立刻回應起身；君主下令召見，無論何處，立刻動身」，這是日本人自古以來自然養成的風俗，與個人本位的西洋主義相比，差異甚大；畢竟西洋人最注重的個人約定，在君父面前皆可犧牲。日本人被稱讚具有強烈的忠君愛國觀念，但同時又受到不尊重個人約定的批評，這也是由來自國家固有習慣的差異，也就是我們與他們重視的是不同的東西。若是不明究理，僅根據表面的觀察就一概而論，認為日本人沒有明確的契約觀念，進而批評日本人的商業道德低劣，實在是毫無道理。

話雖如此，我當然對於日本現在的商業道德感到不滿意。既然當今的工商業界遭人批評為道德觀念薄弱或過於本位主義，彼此之間不就更應該學會相互警惕嗎？

應去除功利主義的弊病

以大和魂、武士道為傲的我國工商業者竟缺乏道義的觀念，實在是非常可悲的事。若探究其原因，我認為是承襲過去的教育所帶來的弊病。我雖然不是歷史學家，也不是學者，無法深究根源，但所謂「民可使由之，不可使知之」，直到維新前都掌握文教大權的林家，加深了朱子派儒教主義的色彩，導致屬於被統治階級的農工商業被排除在道德規範之外，甚至連他們自己也感覺沒有必要受道義的束縛。

該學派的宗師朱子只是一個大學者，口頭教說道德，實際上卻沒有實踐躬行，並非親身履行仁義之人。林家的學風也產生了說者與行者的區別，即儒者講述聖人的學說，俗人履行實踐，結果造成孔孟所說的民，也就是屬於被統治階級的人唯命是從，以只要不怠惰村里的公務就好，養成卑躬屈就的性情。至於道德仁義則歸統治者所管，農民只要耕作政府給予的田地、商人只要撥撥算盤即可的想法逐漸成了習性，完全欠缺愛國、重道德等觀念。

正如「如入鮑魚之肆，久而不聞其臭」，數百年來養成的壞風氣，想要忘記所謂的臭氣，加以薰化和陶冶，成為有道的君子，原本就不是一件容易的事，加上歐美新文明的輸入，趁著原本道義觀念的匱乏，順勢傾向功利的科學，更加助長了這股歪風。

歐美的倫理學也很發達，修養品行的呼聲也很高。然而他們的出發點是宗教，與我國的國民性有所不同。最廣受歡迎且勢力最大的不是道德觀念，而是在增產逐利上有立即效果的科學知識，即與功利相關的學說。富貴可說是人類的欲望，若一開始就向缺乏道德觀念的人教說功利，就有如火上澆油、煽動其欲望，後果可想而知。

不少人過去出身下層階級，以驚人的毅力成家立業，一躍獲得顯赫的地位。這些人究竟是否始終保有道德仁義，行正路，依公道，俯仰無愧於天地，才有今日呢？為了壯大相關的公司或銀行等事業而不分晝夜地努力，以實業家來說非常傑出；雖稱不上是對股東不忠，但如果為公司或銀行所盡的心力只是為了謀求自身利益，也就是以利己為念，增加股東的紅利也只是為了充實自家的金庫，則亦有可能因此導致公司或銀行破產，帶給股東莫大的損失。這就是孟子所謂的「不奪不饜」。

此外為富豪巨商工作，一心為主、鞠躬盡瘁的人，若僅看事蹟，的確可說是忠於職守。但如果其忠義的行為完全是以自己的得失為出發點，主家富，所以自己富，雖然被人當作手下很不是滋味，但只要實際的收入優於一般的企業家，捨名聲而就得失，這樣的忠義說到底也不過是「利益問題」四個字而已，同樣在道德的準則之外。

即便如此，世人仍將這種人視為成功者，給予尊敬與羨慕，青年後進也以他們為目標，費盡心機想要達到他們的成就，壞風氣因此盛行，沒有止境。這麼看下來，我們工商業者好像盡是背離道德的醜陋之人，但如同孟子所說的「人性，善也」，如果善惡之心人皆有之，那麼想必當中也有不少君子，深感商業道德之頹廢，力圖挽救。然而數百年所遺留下來的積弊，再加上功利學說之下惡德的智巧更盛，就算是君子也很難達到所期望的改善。但如果就此繼續放任下去，就宛如無樹根卻希望枝葉茂盛，無樹幹卻希望開花結果一般，無論是培養國本或擴張商權，都難有指望。商業道德是國家甚至於世界的精髓，直接的影響極其深遠；因此必須闡揚誠信的威力，所有企業家都應該以誠信為萬事之本，理解誠信能敵萬事的力量，以此鞏固經濟界的根幹，此乃急務中的急務。

有此誤解

凡事都有競爭，當中最激烈的包括賽馬、賽船等。其他像早起也是競爭，讀書也是競爭，就連德高望重者受德行較低者尊重也都是競爭，只不過後者的競爭不那麼激烈。如果是賽馬或賽船，有時甚至拚上性命也在所不辭。增加自己的財富也是如此，如果興起激烈競爭的念頭，想要比別人獲得更多的財產，一旦過於極端，就會忘了道義的觀念，也就是所謂的為達目的不擇手段；耽誤同事、詆毀他人，抑或是自己變得腐敗不堪。古語所說的「為富不仁」，指的正是這種情況。相傳亞里斯多德曾說：「所有的商業都是罪惡。」當時是人文尚未開化的時代，即便是大哲學家所言，也不能照單全收。就連孟子所說的「為仁不富，為富不仁」，亦是同理。

我認為之所以會造成誤解，是一般人的習慣使然。元和元年（一六一五），大坂的豐臣氏滅亡，德川家康統一天下，偃武息戈。從此之後，政治方針似乎都出自孔子之教。在這之前雖然與支那或西洋皆有一定程度的往來，但當時以為耶穌會的教徒對日本圖謀不軌，又因為來自荷蘭的文書顯露以宗教征服日本的企圖，日本於是完全斷絕與海外的接觸，僅開放部分長崎與海外交流，對內則完全用武力統治。然而以武力統治之人，遵奉的卻是孔子之教；修身、齊家、治國、平天下是幕府的方針，武士修養的是所謂仁義孝悌忠信之道。以仁義道德統治的人，與生產謀利毫無關係，可以說徹底實現了「為仁不富，為富不仁」。由於治人者是消費者，因此不從事生產，而從事生產謀利之人則與治人、教人者的職責相反，讓所謂「志士不飲盜泉之水」的風氣流傳下來。再者，統治者為人所養，故食他人之食者為他人而死，樂他人之樂者憂他人之憂便成了他們應盡的本分。既然生產謀利是與仁義道德無關的人在做的事，就會變成與過去「所有的商業皆是罪惡」同樣的狀態，這種風氣維持了三百年之久。一開始用這樣簡單的方法來維持階級或許還行得通，但隨著智識低落、活力衰退、形式繁多，以致武士精神頹廢，商人卑屈，最終形成虛偽橫行的局面。

1. 指第一次世界大戰。

2. 指中國和印度。

3. 里是日本既有的距離單位，一里約相當於三．九公里。

4. 《戊申詔書》頒布於一九〇八年，其用意在於改善日俄戰爭後人心不安、社會主義蔓延的情況，強調應以勤儉為基軸重振傳統道德觀念，向國民宣揚今後國家發展所需的道德標準，藉此鞏固天皇體制。

5. 沃納梅克（John Wanamaker，一八三八－一九二二），為一名美國商人。他在費城創立了美國第一間百貨「Wanamaker's」，被視為百貨商店之父。

6. 即尤利西斯．格蘭特（Ulysses S Grant，一八二二－一八八五），南北戰爭的英雄，也是第十八任美國總統。於卸任後環遊世界，並曾造訪日本會見明治天皇。

教育與情誼

孝道不能勉強

《論語．為政篇》中提到：「孟武伯問孝。子曰：『父母唯其疾之憂。』」又有「子游問孝。子曰：『今之孝者，是謂能養。至於犬馬，皆能有養；不敬，何以別乎？』」孔子在其他地方也經常論及孝道。然而父母若過於勉強子女盡孝，反而會讓子女不孝。我也有幾個不肖的子女，對於他們將來會如何毫無頭緒，儘管我偶爾會對子女說：「父母唯其疾之憂」，但絕不會要求或強迫他們盡孝。父母的一念之間可以讓子女成為孝子，也可能成為不孝子。如果認為子女不按照自己想法去做就是不孝，可說是大錯特錯。僅僅是供養父母，即使是狗或馬等獸類也可以做得很好；然而人作為子女的孝道並沒有那麼簡單。就算子女不按照父母的想法去做、無法經常承歡膝下、供養父母，也不見得就是不孝。

這樣說好像有些自吹自擂，讓我有些惶恐，但因為是事實，所以我在此大膽陳述。

大概在我二十三歲的時候，父親曾對我說：「從你十八歲至今的樣子看來，與我有所不同。書讀得很好，做事也很俐落。如果按照我的想法，我想要把你留在身邊，讓你照我的意思去做，但這樣反而會讓你成為不孝子。所以今後你不必照我的意思去做，照你自己的意思去做即可。」誠如父親所說，我雖不才，但當時在文字方面的能力或許已經超過父親，其他地方也比父親優秀。倘若當時父親勉強我照他的意思去做，認為這樣才是孝道，我或許會因為被強迫盡孝而反抗他，成為不孝子。幸好沒有如此，而我也沒有成為不孝子。這是多虧父親不強迫我盡孝，以寬宏的精神對待我，讓我能朝著自己的志向邁進，是父親賜給我的恩惠。孝行是子女受到父母影響而展現的行為，因此不該是強迫子女盡孝，而是父母讓子女自然想要盡孝。

由於父親以這樣的想法對待我，我自然受其感化，也以同樣的態度對待我的子女。我這樣說聽起來多少有些自大，但我在各方面都比父親優秀一點，行為與父親完全不同，因此沒有成為和父親一樣的人。我的子女將來會如何呢？身為一介凡人的我無法斷定，但以目前來說，他們有許多地方與我不同；只不過和我與父親的情況相反，他們大多不如我。然而如果我責備他們，強迫他們照我的意思去做，其實非常強人所難。畢竟就算強迫他們要和我一樣，他們也不會變成我。如果我強迫子女一切都要按照我的意思，萬一他們做不到，就會背負不孝之名。只因沒有照自己意志行事就讓子女成為不孝子，實在令人於心不忍。

因此，我不勉強子女盡孝。雖我仍以子女應該孝敬父母為根本原則加以教導，但並不會因為子女沒有按自己的意思去做，就認為他們是不孝子。

現代教育的得失

過去的青年與今日不同，就猶如昔日的社會與現代的社會迥異。我二十四、五歲的時候，所謂明治維新前的青年與當代的青年，無論在境遇或教育上都完全不同，很難用一句話判斷孰優孰劣。部分人士認為過去的青年既有氣概又有抱負，遠比現在的青年優秀；又說現在的年輕人輕浮沒有朝氣，但我認為不能如此一概而論。畢竟以過去少數傑出的青年與現在一般的青年相比，多少有些不妥。現在的青年當中也不乏優秀之人，過去的青年當中當然也有平庸的人。維新之前，士農工商的階級非常嚴格，武士之中分為上士和下士，就連農民、商人之間，也有世代都是地主並擔任村長的世家和普通農家之別，在教育上自有不同的風氣。由此看來即使在過去，出身武士和上流農家商人的青年與一般的農家商人之間，所受的教育各異。

過去的武士和上流的農民商人，他們在青年時代大多接受漢學教育，一開始學習《小學》、《孝經》、《近思錄》等，進而讀《論語》、《大學》、《孟子》；另一方面在鍛鍊身體之餘，也要培養武士精神。至於一般的農民和商人所接受的教育，則是只學習一些極為粗淺的實用語文、《庭訓往來》[1]，或加減乘除的九九口訣等。因此，接受高等漢學教育的武士理想高，見識廣，但農民和商人不過具備一些通俗的知識，大體而言都是無學識者。然而如今已經平等，沒有貧賤富貴之分，都能悉數接受教育，岩崎和三井等大老闆的兒子與住在大雜院裡的孩子，接受的都是相同的教育，故眾多青年之中有些人品行低劣、不學無術，也是無可奈何之事。由此可見，將過去人數稀少的武士階級青年與現在的青年相比較並加以責難，不甚妥當。

今日接受高等教育的青年之中，有許多人與過去的青年相比也毫不遜色。以往著重的是培養少數菁英的天才教育，現在則是平均啟發多數人的常識教育。過去青年為選擇良師費盡苦心，如著名的熊澤蕃山[2]曾在請求中江藤樹[3]收他為徒時遭到拒絕，但他三天都不肯離去。其熱誠打動了中江藤樹，最終收他為門人。此外，如新井白石[4]拜木下順庵[5]為師、林道春（羅山）拜藤原惺窩為師，皆是為了追隨良師，修學進德。

然而，現代青年的師生關係已經亂了套，缺乏美好的師生情誼，令人寒心至極。當今年輕人不尊敬自己的老師，學校的學生對待老師就好像對待講相聲或說書的人，動不動就說老師講課不好，解釋不清楚。從某方面來看，這也許是緣於學科的制度與過去不同，讓學生有機會接觸更多老師所致，但現今的師生關係毫無道理可言。與此同時，老師也出現不愛護自己學生的傾向。

簡單來說，青年必須接觸良師，陶冶自己的品行。若是比較過去和現在的學問，可見過去專一於精神論，現在則僅致力於獲得知識。過去所讀都在論述精神修養，因此能夠自然而然地加以實踐。無論是修身齊家、治國平天下，講的都是人道之大義。

《論語》有云：「其為人也孝弟，而好犯上者，鮮矣；不好犯上，而好作亂者，未之有也。」又說「事君能致其身」，皆是在講述忠孝主義，說明仁義禮智信的教訓，以喚起同情心和廉恥心。此外亦注重禮節，且教導勤儉生活之可貴。過去的青年在修身的同時，自然常以天下國家為憂，樸實且注重廉恥，以信義為貴的風氣盛行。相較之下，現今的教育重視智育，從小學開始就學習許多學科，之後進入中學、大學，累積愈來愈多的知識，卻對精神的修養等閒視之。由於缺少精神方面的學問，因此青年的品行相當令人憂心。

總而言之，現代的青年誤解了修習學問的目的。《論語》當中，孔子曾有「古之學者為己，今之學者為人」的感嘆，這句話也適用於現代。現在的青年是為了做學問而做學問，由於一開始就沒有明確的目標，只顧著埋頭向學，於是在出了社會之後，往往會疑惑「究竟為何而學」。「只要做學問，人人都可以成為偉人」是一種迷信，不顧自己的處境和生活狀態，追求與自己不相應的學問，終究只會後悔。因此，一般青年應該根據自己的資質，在小學畢業後投入各種專業教育之中，修習實際的技術；接受高等教育的人則應該在中學的時候就訂立明確的目標，決定將來要修習何種專業。因為淺薄的虛榮心而弄錯修學的方法，不僅會耽誤青年自身，也會使國家的活力大為衰退。

偉人和他的母親

就像在封建時代一般，不對婦女施以教育，甚至加以侮蔑，真的正確嗎？或者應該施以相當程度的教育，教導修身齊家之道呢？答案不用說也知道，即使是女性，也絕不可忽視教育的重要性。關於這一點，我認為首先有必要思考婦女的天職，也就是養育子女的問題。

說到婦女與孩子的關係，根據統計研究，善良的婦女多能生出善良的孩子，在優秀婦女的教育之下，能夠培養出優秀的人才。孟子的母親和華盛頓的母親就是最適切的例子；在日本，楠正行[6]的母親和中江藤樹的母親也是人盡皆知的賢母；近如伊藤公（伊藤博文）和桂公（桂太郎）的母親亦是如此。總而言之，優秀的人才在家裡受到賢明母親的撫育，這樣的例子非常多，可見偉人的誕生與賢哲的出世多仰賴婦德，這並非我一家之言。教育婦人，啟發他們的智能並培養婦德，不僅是為了受教育的婦女一人，也間接成為造就善良國民的因素，因此絕不可忽視女性教育。然而，重視女性教育的理由不僅於此。接下來我想進一步闡述箇中理由。

日本在明治之前的女性教育，主要都是根據支那的思想。話雖如此，支那對於女子的態度非常消極，教導女性要守貞操、順從、細心、優雅、忍耐，將重點置於精神教育上，但智慧、學問、學理方面的智識，既不鼓勵亦不教導。幕府時代的日本女性接受的教育亦是基於這種思想，貝原益軒的《女大學》是當時唯一至上的教科書，即忽視智識方面的教育，只消極地著重於自我約束。接受這種教育的婦女在今日的社會占大多數，進入明治時代之後即使女性教育有所進步，受過此教育的婦女人數依舊微乎其微，就算說女性的教育實質上尚未能夠超出《女大學》的範圍也不為過。因此，即使今日的婦女教育興盛，社會上仍然未能夠充分認知到其效果。正因為現在可說是女性教育的過渡期，從事相關教育之人更應該深入討論和探究其可否。過去甚至有人覺得婦女是生子的工具，現在非但不能也不應該這麼說，更不可以像過去一般侮蔑或嘲弄婦女。

姑且不論耶穌教對婦女的態度，從人類真正的道義之心而言，都不該將女性視為工具。如果說人類社會重視男子，那麼婦女在社會組織當中也承擔一半的責任，難道不應該和男性一樣受到重視嗎？中國的先哲曾說：「男女居室，人之大倫也。」女性同為社會的一員，國家的一分子；既然如此，應該摒除過去侮蔑女子的觀念，女性也和男性同樣，賦予國民應有的才能和智德，男女相互合作，相輔相成。如此一來，過去五千萬的國民之中僅有二千五百萬人可用，如今又多了二千五百萬人能夠發揮其才，這正是必須振興婦人教育的根本理論。

錯不在一方

我希望師生之間情誼深厚，能夠加強相親相愛的意識。我不清楚郊區學校的情況，但據我所聞，在東京市區內的學校師生關係已是非常淡薄。舉一個不好聽的比喻，兩者之間的關係就像是說書人與聽說書的許多聽眾。這個人的講課不有趣，那個人講課時間太長，甚至有人挑出老師的毛病加以批評。過去，師生之間的情感當然並非總是十分密切，孔子有弟子三千，雖然不能一一知其長相或對談，但其中精通六藝者有七十二人，這些人看來經常與孔子談話，也全都受到孔子人格的感化。以這種師生關係為例進行論述或許有些過當，再看看今日的支那，也難以引以為模範。然而今日的支那縱然不好，卻並不是因為孔子之德有所改變，不能因為後來的支那衰弱，就輕視孔子；反過來說，也不能因為支那強盛，就看重桀紂。我認為，孔子引導弟子的方式，確實是師生關係最好的典範。雖然今日不可能要求如此的師生關係，但即使是在德川時代，師生之間的感化力也很強大，情誼也非常切實。試舉一例說明，從熊澤蕃山師事中江藤樹的情形就能知曉。熊澤蕃山是何等清高之人，所謂威武不能屈，富貴不能淫；天下諸侯都不在他眼裡，仕奉備前侯，被尊之為師，在施政上非常有見地，但他在面對中江藤樹的時候就像個孩子，堅忍地等待了三天，才終於成為中江藤樹的弟子。師生間感情之深厚，想必是受到中江藤樹德望的感化。此外，新井白石也是一個剛毅之人，智謀、才能、氣魄皆不凡，實為稀世之才，但他終身順服於木下順庵。放眼近代，佐藤一齋也善於感化其弟子，廣瀨淡窓[7]亦同。我雖然只知道漢學的師長，但他們的師生關係都延續過去的風氣，相親相敬。反觀今日的師生之間，就好似去聽說書一般隨性，這樣的風氣令我備感憂心。不得不說此乃為人師表之過，如果老師不能進一步增進德望、才能、學問、人格，就無法讓學生產生敬仰之情，只能說是身為師長的缺失。

然而，學生的心態也非常不好。現在的風氣對於老師普遍缺乏敬仰之情。我不清楚其他國家如何，但我總覺得英國的師生關係絕不像日本今天的樣子。日本當然也有優秀的教育人員，不同於我前面所述，且在某些方面近於中江藤樹或木下順庵，但這樣的人實在少見。由於處在過渡時期，不幸有許多突然湧現的教師，如果要為自己帶來的弊害辯解，想必有很多話可以說，但既然為人師表，就應該內省其身，嚴加留意。與此同時，學生也要帶著尊敬之心，增進師生的感情。如果學校的教員能夠經常與學生保持接觸、加以關心，即使無法全然改善風紀，但至少可以預防惡事發生。

理論不如實際

今日社會上一般的教育方法，過於重視單純的知識傳授——在我看來，這個弊端又以中等教育最為嚴重——即欠缺德育方面的教養，而實際上也的確非常匱乏。另一方面觀察學生的風氣與昔日青年不同，如今似乎缺少一鼓作氣的勇氣、努力，以及自覺。之所以這麼說絕非是我身為過來人的自大與傲慢。有鑑於當前的教育科目眾多、五花八門，為了修得這麼多的學科，每天的時間都已經不夠用，更無暇顧及其他，自然無法修養人格和常識等，實在令人遺憾。姑且不論已經出社會的人，今後準備進入社會，希望為國家奮鬥努力的人，還期盼他們能在這方面多加用心。

就與我關係最深的實業方面的教育來看，過去其實沒有可以被稱作是「實業教育」的教育。即使到了明治十四、五（一八八一—一八八二）年，依舊沒有看到這方面的進步。商業學校的發展不過是近二十年的事。

只有當政治、經濟、軍事、工商業、學藝等面向全部有所發展，才能推動文明的進步，若是欠缺其中一項，都稱不上是完全發達或進步的文明。在日本，作為文明進步一大要素的工商業長久以來遭到閒置；反觀歐洲列強，雖然其他方面也在進步，但當中進展最快的正是實業，也就是工商業。我國的實業教育近來也受到世人關注而逐漸發展，只可惜其教育方法與前述其他教育方法相同，仍單方面傾向智識教育，絲毫沒有顧及紀律、人格與德義。雖說是時勢所趨，莫可奈何，但也實在令人感嘆。再看看軍人社會，普遍的統一化、紀律服從、命令等，都能井然有序地嚴格執行，我不知道究竟是其教育方式使然，或是軍事的本職就是如此，只覺得這甚為美好，看到有這麼多人格高尚之士，讓人對國家充滿希望。

實業界的人，除了必須充分具備上述的特質之外，還有一個更重要的事，就是自由。從事實業之人，如果凡事都像執行軍務一般等待上級的命令，就很容易錯失良機，發展難求。故如果一味傾向智識教育，僅追求自身的利益，就會陷入孟子所說「上下交征利，而國危矣」的狀態，這正是我所憂心之處。為了不陷入這樣的狀態，雖然仍有不足之處，但我多年來默默努力，希望能讓身邊的實業教育，達到智育和德育並行發展。

不像孝的孝

自德川幕府中葉起，結合神儒佛三道的精神，使用淺顯易懂的語言，以通俗的譬喻，努力鼓吹道德的實踐，這就是所謂的「心學」。在八代將軍德川吉宗時期，由石田梅嚴[8]首先提倡，著名的《鳩翁道話》也是出自此派之手。梅嚴門下出了手島堵庵和中澤道二等名士，在兩人的努力之下，心學得以普及。

我過去曾拜讀過中澤道二所著之《道二翁道話》。當中寫到有關近江孝子和信濃孝子的故事十分有趣，讓我至今依舊印象深刻。我記得文章的題目就叫做〈孝子修行〉。

我現在已記不清裡頭的人名，但故事大致上是在說近江國有一名孝子，他領會「孝為天下之大本，百行因孝而生」的道理，因而日夜惶恐，深怕有所不及。聽聞信濃國也有一名孝子，希望能當面問他如何才能最好的盡孝，便特地千里迢迢從近江國出發，翻山越嶺，前往夏日猶涼的信濃國修行孝道。

他好不容易找到信濃孝子的家，進門的時候已過了正午，當時只有老母親一人在家，看起來著實孤寂。他問：「令郎在嗎？」老母親回答：「去山上幹活了。」近江孝子向留在家中的老母親說明來意，老母親回道：「傍晚一定回來，請先進屋等吧。」近江孝子於是恭敬不如從命，進屋等待。果真到了傍晚，這位被譽稱為信濃孝子的兒子揹著從山上砍來的一捆木柴返家。近江孝子心想，應該好好觀摩以作為參考，便從裡面的房間往外窺探。信濃孝子揹著木柴在走廊一處坐了下來，他呼喚母親說東西很重，快來幫忙，老母親也幫了他。近江孝子感到意外，沒想到接下來信濃孝子又說腳被泥巴弄髒了，要母親拿乾淨的水來幫他擦腳，對老母親提出各種要求。儘管如此，老母親看起來滿心愉悅，高高興興地照著信濃孝子的吩咐去做，細心照料，讓近江孝子著實感到不可思議。腳洗乾淨的信濃孝子接著坐到爐火邊，竟然伸直雙腿，說自己太累了，要母親幫他揉腳。老母親沒有任何不悅，一邊揉腳一邊說道：「有一位客人遠從近江而來，正在屋裡等待。」信濃孝子說那就見見吧，蠻不在乎地起身走到近江孝子等待的房間。

近江孝子行禮後，詳細告訴信濃孝子自己的來意，表明是為了修行孝道而來。兩人交談了一陣子，到了晚餐時刻，信濃孝子又吩咐母親準備晚餐招待客人。在飯菜上桌之前，信濃孝子似乎無意幫忙母親，等到端上飯菜之後，又蠻不在乎地讓母親侍候，還嫌棄湯太鹹，米飯不好吃，怨聲載道。近江孝子終於看不下去，嚴厲斥責說道：「我聽聞您是天下有名的孝子，才專程從遙遠的近江前來修行孝道，但從方才的情況看來，實在令我意外。您不僅沒有絲毫體恤母親的樣子，甚至還斥責母親，這成何體統。您非但不是孝子，甚至是個不孝子。」結果，信濃孝子對此的答辯甚為有趣。

他說：「孝行、孝行，百行孝為先。這的確沒錯，但為了盡孝而做出的孝行，不能說是真正的孝行。不為盡孝的孝行，才是真正的孝行。我對年老的母親提出各種要求，甚至還讓她幫我揉腳，又對飯菜多有埋怨，也是因為母親看到兒子從山裡回來，一定會認為兒子累了，要好好關心他。為了不讓母親這番好意落空，於是伸出腳，讓她替我服務。至於招待客人的時候，我知道老母親一定會覺得有地方做不好，讓兒子不滿意，為了不讓她的好意落空，於是對她做的飯菜出言埋怨。任何事情都順其自然，讓母親做她想做的事，也許這就是世人稱我為孝子的原因。」近江孝子聽完後恍然大悟，認識到「孝的根本在於不勉強，一切順其自然。自己為了盡孝而盡孝，的確有不及之處」。這就是《道二翁道話》當中有關修行孝道的教誨。

人才過剩的一大原因

經濟界有供需原則，而投入實際社會活動的人才，也可以應用這個原則。不用說，社會上的事業在雇用人才時都有一定的限度，只雇用需要的人，超過則沒有必要。另一方面，學校雖然每年都培養出許多才子，然而對於目前尚未發展成熟的實業界來說，不可能滿足所有人的期望加以接納。尤其在今日，高等教育的人才供給已有過剩的傾向；學生普遍接受高等教育，希望從事高尚的工作，轉眼之間，就導致供過於求。以我個人而言，學生懷抱志向當然值得嘉許，但若從一般社會或國家的角度來看，卻未必可喜。簡單來說，社會並非千篇一律，因此會需要各式各樣的人才，高至一個公司的老闆，低至雜役或車伕，都有其必要性；雇用人才者占少數，相較之下其實需要大量受雇者。如果學生都能立志成為這個需求量大的受雇者，那麼即使在今日的社會，也不會出現人才過剩的情形。然而今日的學生除了少數之外都不被需要，只因他們都立志成為雇用者。他們掌握了學問，懂得高尚的道理，卻不願意屈居人下受人使喚；同時，教育的方針多少也出現了錯誤，以為填鴨式的智識教育便已足夠，培養出的都是同一類型的人才，導致精神修養遭到忽視，如此可悲的教育讓學生不懂得屈居人下，自命清高。如此一來，人才供給過剩也是理所當然的結果。

我並非想要引用私塾教育時代的例子論述，但從今日培養人才的缺點來看，過去的教育方式有其巧妙之處。與今日相比，過去的教育方法極為簡單，所謂教科書，只有四書五經和八大家文之類，但培養出來的人才絕非同一類型。當然，過去的教育方針與現在完全不同，學生們各自朝向自己的長處發展，十個人就展現十種不同的特質。例如，優秀之人逐漸向上攀爬，從事高尚的工作；愚鈍之人則不懷非分之望，安於從事低賤的工作。由於過去的風氣如此，因此不太需要擔心人才應用的問題。相比之下，今日的教育方針固然很好，卻弄錯了精神，使得學生不會辨別自己的才與不才，適與不適，只覺得同樣是人，既然接受同樣的教育，他人能做的事，自己沒道理不能，從而產生自負之心，使得很少有人甘於從事卑賤的工作。過去的教育是百人出一秀才，今日的教育方法反而培養出九十九個普通的人才。這雖然是優點，只可惜由於教育精神的誤導，導致現在這般中流以上的人才供給過剩的結果。話雖如此，採用同樣教育方針的歐美先進國家卻少見因為教育而產生的弊害，尤其英國與我國目前的狀態大不相同，致力於發展足夠的常識，培育出具有品格的人才。原本這並非像我這樣對教育了解不多的人可以輕易置喙的問題，但就整體而言，不得不說造成今日這般結果的教育實在不夠完善。

名言佳句

日知其所亡，月無忘其所能，可謂好學也已矣。（《論語・子張》）

（語譯）每天學習一些自己不知道的學問，每月不要忘記原來所學會的，這樣就能稱得上是好學了。

謂學不暇者，雖暇亦不能學。（《淮南子・說山訓》）

（語譯）說沒有時間求學的人，即使有了空閒，也不會向學。

---

1. 《庭訓往來》著於室町時代，內容包含許多以初學者為對象的書信範例，網羅了各種武士及庶民在日常生活中的必要用語，在江戶時代作為私塾的教科書受到廣泛使用。
2. 熊澤蕃山（一六一九—一六九一），江戶初期的儒學者。師從中江藤樹鑽研陽明學，後來因為批判幕政遭到囚禁。
3. 中江藤樹（一六〇八—一六四八），江戶初期的儒學者，為日本陽明學派的鼻祖，被尊稱為「近江聖人」。
4. 新井白石（一六五七—一七二五），江戶初、中期的儒學者、政治家。曾擔任輔佐六代將軍家宣、七代將軍家繼的幕府重臣。
5. 木下順庵（一六二一—一六九九），江戶初期的儒學者，曾擔任將軍德川綱吉的侍講。
6. 即楠木正行（一三二六—一三四八），日本南北朝時期的武將，楠木正成的嫡子。繼承父親的遺志對抗足利氏，被稱為「小楠公」。
7. 廣瀨淡窓（一七八二—一八五六），江戶後期的儒學者、漢詩人兼教育家。
8. 石田梅巖（一六八五—一七四四），江戶中期的思想家，研究神道、佛教與儒學，發展出獨門的倫理學派「心學」，以平實的口吻與巧妙的比喻向一般民眾講道。

成敗與命運

唯有忠恕

「業精於勤而荒於嬉」，萬事莫不如此。如果對事業懷有極大的熱誠和興致，即使事情再繁忙複雜，也不會感到疲倦或厭煩，也沒有理由感到痛苦。相反地如果興趣缺缺，不情不願地工作，那麼必會產生倦怠，接著感到厭惡不平，最終拋棄自己的工作，這是理所當然的。前者精神抖擻，在愉快中找到興趣，興趣帶來無限的興致，最終開展事業，為社會帶來公益；後者精神委靡，因鬱鬱寡歡和倦怠導致疲憊，疲憊意味著最終將自取滅亡。若對照前者和後者，問別人要選哪一種，想必所有人都會明確回答選擇前者是明智，選擇後者是愚蠢。此外，世人經常將運氣的好壞掛在嘴邊，然而人生的運氣，或許有十分之一或二早已註定。但即便如此，只要靠自己的努力開拓命運，就絕不可能受到命運操弄。就算樂於工作也有可能招來災禍，只能說是天命使然。各位想必都衷心希望拋開厄運，愉快工作，然而在對工作抱持極大興趣和熱誠的同時，也必須充實其內容。特別是救濟事業由於性質特殊，更需要加倍注意，努力豐富其內容，不留下遺憾。話雖如此，卻也不能僅專注於內容而忽略了形式。各種事業，內外都應保持平衡；只求表面光鮮亮麗而拘泥於形式，也是最需要注意和避免的。

本院（東京市養育院）現在（大正四年一月）收容了二千五、六百名窮人，除了少數是種善因卻結惡果的窮人和旅行期間生病的人，其他多數都是自作自受之輩。然而就算是自作自受，也不能不給予同情。因為我們不能背離的人道之一就是存忠恕之心，必須對自己的工作盡忠，且富有仁愛之念。我並非主張要優待這些人，而是認為對待他們的時候，還是要常保憐憫之情。請各位一定要體會這個道理，並體現於工作當中。此外，從事醫務工作的人如果只是單純地把收容的病患當作研究的對象，是一件極為遺憾的事。當然，研究也有程度上的問題，因此不能說都是不好的，但我希望醫療人員能夠勉勵自己，將治療病患當作是眼前的義務。護士亦同，應親切地對待病患。他們在精神上多有缺失，是被社會淘汰的失敗者，同情他們便是前述的忠恕。忠恕是人之正路，也是立身之基礎，可以說掌握了人的幸福命運。

看似失敗的成功

說到中國的聖人，首先會想到堯、舜，接下來是禹、湯、文、武、周公、孔子。以現在的話來說，堯、舜、禹、湯、文、武、周公在聖賢之列屬於所謂的成功者，生前就已經可以看到足夠的政績，獲得世人的尊崇。相反地，以現在的角度而言，孔子並不是所謂的成功者。他生前遭受無妄之災，困於陳蔡之郊、飽受艱難，在當時的社會也看不到孔子的功績。然而千年後的今日，比起生前就拿出政績的堯、舜、禹、湯、文、武、周公，反而更多人崇敬乍看之下一生失敗、懷才不遇的孔子。即使同為聖賢，孔子卻獲得了最多的尊崇。

支那的民族氣質非常奇妙，會草率地對待英雄豪傑的墳墓，絲毫不愛惜。我曾經當面詢問精通支那國情的友人白岩氏，也曾閱讀他在《心之花》連載的紀行，知道唯有位於曲阜的孔夫子廟受到支那人的妥善保存，極為莊嚴善美。現在仍有孔子的後裔在世，廣受一般大眾的尊敬。孔子生前沒有像堯、舜、禹、湯、文、武、周公一般，在政治上建立功績，也沒有身居高位，更沒有富甲天下。孔子雖然沒有取得今日所謂的成功，但他絕非失敗，反而這才是真正的成功。

若僅以眼前的事物為根據論斷成功或失敗，那麼在湊川刀折矢盡、英勇戰死的楠正成是失敗者，登上征夷大將軍之位，威震四海的足利尊氏的確是成功者。然而，如今無人崇拜足利尊氏，尊崇楠正成的人卻多不勝數。如此說來，生前是成功者的足利尊氏反而成為永遠的失敗者，生前是失敗者的楠正成才是永遠的成功者。菅原道真和藤原時平也是如此。藤原時平在當時是成功者，相較之下獲罪於太宰府、只能在流放處望月長嘆的菅原道真無疑是當時的失敗者；儘管如此，今日卻無人尊崇藤原時平，而菅原道真則作為天滿大神在全國各地受人祭祀。菅原道真的失敗絕非失敗，而是真正的成功。

從以上事實推論可以清楚知道，世上所謂的成功未必就是成功，世上所謂的失敗也未必就是失敗。公司和其他一般營利事業相同，以取得物質上的成果為目的，一旦失敗，則會殃及出資者和其他相關人士。然而，如果精神上的事業只顧眼前的成功，目光短淺，就會如同汲取社會糟粕般產生弊病，對提升世道人心毫無貢獻，以永遠的失敗告終。例如發行報紙雜誌是以點醒社會為目的，有時為了達成這個目的必須反抗潮流，難免招來意外之禍，陷入所謂失敗的境地，嘗盡痛苦，但這絕非失敗。即使一時之間看起來一敗塗地，但長久下來，努力肯定不會白費。社會因此受益，不必等待千年之後，只要經過十年、二十年，或數十年，其功績一定會被認可。

從事文筆、言論，以及其他精神方面事業的人，若拚命想要在生前獲得所謂的成功，進而阿諛時流、急功近利，將無法有利於社會。因此，無論是什麼樣的精神事業，只會妄下豪語、說大話而無法接觸人生之根本，只會空談而毫無努力作為，百年之後，即使黃河有清澄之日，這些人也必然以失敗告終，無法獲得真正的成功。只要能拚盡全力，精神事業上的失敗絕非失敗。就好像孔子的遺業成為今日世界幾千、幾百萬人安心立命的基礎，必能裨益後世，為提升人心做出貢獻。

盡人事待天命

天究竟是什麼？在我參與的歸一協會等聚會當中，也經常討論這個問題。部分宗教家解釋天是有靈性的動物，是具有人格的靈體，如同人能活動手足一般，不僅能賜與幸福，也能降下不幸；只要祈禱或求助，天就會受其左右而應之。然而，天並不如這些宗教家所想的具有人格，也不會因為祈禱的有無而將幸或不幸加諸於人世。天命是在人們不知不覺當中自然運行的。天原本就不會像魔術師一般，創造出不可思議的奇蹟。

就算說這是天命、那是天命，終究也不過是人類擅自作主，天毫無所知。人之所以敬畏天命，乃是因為承認存在著人力無所能及的巨大力量，即使盡人力勉強為之，也無法克服一切。故以恭、敬、信對待天，誠如明治天皇的《教育敕語》當中所謂通古今而不謬，施中外而不悖，走上通往長治久安的康莊大道，不以人力而自驕，既不勉強，也不做違背道理之事，小心謹慎，這的確是上策。我認為將天或神或佛解釋成具有人格、會受到感情左右，是非常錯誤的觀念。

無論人是否有意識到，正如四季依序變化，天命運行於百事萬物之中。只有相信必須以恭、敬、信的態度對待天，才能理解「盡人事待天命」這句話包含的真義。那麼，實際處世上，要如何解釋天呢？我認為可以用孔子對天的理解說明。天不是擁有人格的靈性動物，天地與社會之間的因果報應也不是偶然，將其視為是天命，以恭、敬、信的態度對待，才是最穩當的想法。

湖畔的感慨

我曾於大正三年（一九一四）春天旅行支那，五月六日抵達上海，翌日乘火車前往杭州。杭州西湖是著名的景勝，西湖邊上有一塊岳飛的石碑。距離石碑四、五步的地方，則有當時的權臣秦檜的鐵像與之相對。岳飛是宋末的名將，當時宋與金之間經常發生戰爭，由於燕京遭到金奪取，宋只能偏安南方，稱南宋。岳飛奉朝廷之命出征，擊敗金大軍，在即將收復燕京之時，奸臣秦檜收受金的賄賂，召回岳飛。岳飛知道這是奸計，說道：「臣十年之功，廢於一旦，非臣不稱職，權臣秦檜，實誤陛下也。」但岳飛最終還是因讒言被殺。忠誠的岳飛和奸佞的秦檜，今日僅隔數步之遙相望，這是多麼諷刺的事，但也有其巧妙的用意。今日前往瞻仰岳飛石碑的人，幾乎好像是慣例一般，在石碑前揮淚的同時，也會在秦檜像前撒一泡尿才離開。死後忠奸判然，著實令人痛快。

今日的支那人當中，想必有像岳飛這樣的人，也有近乎秦檜之輩。人們在岳飛碑前行禮，秦檜像前撒尿，其實是基於孟子所說的「人性本善」。岳飛通天的赤誠深入人心，千載之後其德行依舊受人景仰；因此人的成敗，不待蓋棺之後無法論定。日本的楠正成與足利尊氏、菅原道真與藤原時平亦是如此。見到岳飛的石碑後，更讓我感慨萬千。

順逆二境從何而來？

假設現在有兩個人，其中一人既無地位也無財富，更沒有能提拔他的前輩，即有助於此人在社會上飛黃騰達的要素極少，他僅能勉強立足，學習普遍的學識後踏入社會。然而，此人的能力非凡，身體健全，而且勤勉好學，行事恰到好處。無論吩咐他什麼事，不僅都能處理得讓前輩放心，還能超出長官期待，故備受眾人讚賞。如此一來，此人無論在朝或在野，必定能夠說到做到、事業有成，最終得到榮華富貴。世間之人如果從片面觀察此人的身分和地位，想必會認為他是處於順境之人，但事實上既非順境亦非逆境，他不過是靠自己的力量創造如此境遇。

至於另一個人則生性懶惰，學生時代老是留級，好不容易才畢了業，到了必須應用至今所學立足於社會的時候。但他資質愚鈍且不努力，即使有了工作，也無法做好上級交代的任何事情。他心生不滿，對工作缺乏忠誠，不受上級歡迎，終於遭到免職，回家後又受到父母兄弟的疏遠。在家裡沒有信譽的人，自然也得不到鄉里的信任。到了這個地步，他心中的不平日益膨脹，開始自暴自棄；這時如果再有惡友趁機誘惑他，必會在不知不覺中誤入歧途，無法以正道立於世，不得不徬徨於窮途末路之中。世人看到他，會說他是處於逆境之人，看起來也的確像是逆境。然而事實上，這些都是自己招致的境遇。韓愈在勉勵其子的《符讀書城南》一詩中寫道：「木之就規矩，在梓匠輪輿。人之能為人，由腹有詩書。詩書勤乃有，不勤腹空虛。欲知學之力，賢愚同一初。由其不能學，所入遂異閭。兩家各生子，提孩巧相如。少長聚嬉戲，不殊同隊魚。年至十二三，頭角稍相疏。二十漸乖張，清溝映汚渠。三十骨骼成，乃一龍一豬。飛黃騰踏去，不能顧蟾蜍。一為馬前卒，鞭背生蟲蛆。一為公與相，潭潭府中居。問之何因爾，學與不學歟」。雖然大意主要是勸勉向學，但也可從中看出順逆二境的分歧。也就是說，惡者雖教而無用，善者不教而自知其方，自然創造出不同的命運。因此嚴格來說，世上並無所謂的順境與逆境。

如果此人智能過人，再加上不可或缺的努力，絕對不可能處於逆境。既然沒有逆境，也就沒有所謂的順境。因為有人自己創造出逆境的結果，因此才會有與此相對的順境一說。比方說，身體虛弱的人怪罪天氣寒冷讓他受風寒，或者怪罪暑氣讓他肚子痛，就是不提自己的體質不好。在出現感冒或肚子痛的結果之前，如果能夠強健自己的身體，就不會因為氣候而遭到病魔侵襲。因為平時不注意，才會招來病痛；就算生病也不怪自己，反而怨恨天氣，這與將自己創造出的逆境怪罪於天是同一個道理。孟子曾對梁惠王說：「王無罪歲，斯天下之民至焉。」也是相同的意思，不提政治的腐敗，反而怪罪凶年，這是錯誤的。若想使農民歸服，重點不在於凶年或豐歲，而是統治者的道德。農民不服就怪罪凶年，而忘了自己的道德不足，這就好像是自己創造逆境，卻問罪於天。總而言之，社會上許多人不反省自己的智識和勤勉，口口聲聲說是逆境，這樣的弊病實在愚蠢；我相信只要有一定的智慧再加上勤勉，一般人所謂的逆境絕不會到來。

綜上所述，我很想斷言沒有所謂的逆境，但有一種情形讓我無法說得如此肯定。那就是同樣具備智能和才幹、沒有任何缺點、勤勉精進又足以為人師表，這樣的人有些在政治界和實業界一帆風順，但有些人卻事與願違，失敗受挫。對於後者，我認為才可稱作是真正的逆境。

學會膽大心細

隨著社會進步，秩序變得井然，但對於開展新活動多少有些不便，於是自然會傾向保守。輕佻浮躁的行為，無論在什麼情況之下都要避免，但是如果過於謹慎，反而會優柔寡斷，或是拘謹僵化，變得懦弱。如此一來將會阻礙進步發展，無論對於個人或國家的前途，都值得擔憂。

世界的局勢瞬息萬變且競爭激烈，而文明也是日新月異。然而不幸的是，日本長久以來處於鎖國狀態，落後於世界發展的趨勢。自開國以來，即使急速進步的程度令列強驚訝，但一切事物依舊落後於他們，這是不爭的事實。也就是說，我國尚未擺脫後進國家的狀態。因此為了與先進國家競爭角逐，甚至凌駕其上，就必須比他們更加倍努力。凡是有助於個人發展和國家進步的事，都要具備傾盡全力勇猛向前的精神。如果僅是小心保護既有的事業，或因害怕失敗而躊躇不前，如此懦弱的態度只會使國運衰退。各位必須深入思考這一點，訂立計畫，致力發展，以成為貨真價實的一流國家。如今我深切體會到，除了培養活潑進取的精神，更有必要實際將其發揮出來。

若想要培養活潑進取的精神且實際發揮，首先必須成為真正獨立自主的人。過分依賴他人會讓自己的實力衰退，也不容易產生最可貴的信心，最終養成因循卑屈的性格。因此必須大力鞭策自己，以防產生懦弱膽怯的心態。此外，過於拘泥成規，埋頭於小事，會自然消磨活潑的精神，挫傷進取的勇氣，這一點必須特別注意。細心周到的努力確實有其必要性，但另一方面也要發揮大膽的精神，兩者相輔相成以從事各種活動，如此才能成就大事業。正因為如此，對於近來的趨勢，必須特別警戒。最近年輕人展現新的活力，充分發揮自己的本領，這樣的傾向值得慶賀；然而壯年社會依舊死氣沉沉，不得不說令人擔憂。為了發揮獨立不羈的精神，必須一掃今日認為政府萬能、民間事業處處仰賴政府保護的風氣，伸展民間的力量，立下不勞煩政府也能開展事業的決心。此外，若是拘泥於細枝末節，結果只會徒增法律規則，汲汲營營只為不觸犯規定，或是滿足於規定內能做的事、限於狹隘，如此一來將無法經營新的事業，產生活潑的生氣，更不可能凌駕於世界局勢之上。

成敗乃身後之事

社會上並非沒有屢遭惡運卻看起來成功的人。然而，觀察人的時候僅以成功或失敗作為標準判斷，有著根本上的錯誤。人必須以人的職責為標準，決定要走的路，所謂的成功或失敗都不是問題所在。即便我們看到有人屢遭惡運卻能成功，或是善人因運氣不佳而失敗，又何必因此悲觀失望呢？成功和失敗，不過是竭盡心力的人，身後所留下的糟粕而已。

現代許多人，眼裡只有成功或失敗，卻看不見比這個更重要的天地間的道理。他們不將生命的本質發揮出來，反而將糟粕一般的金銀財寶看得至關重要。人該做的便是努力完成身為人的職責，履行自己的義務，才能心安理得。

世界如此廣闊，有許多應該成功最終卻失敗的例子。雖說智者創造自己的命運，但僅靠命運無法支配人生。有了智慧，才能開拓命運。無論是如何善良的君子，如果缺乏最重要的智慧，到了緊要關頭只會錯失良機，難有所成。德川家康和豐臣秀吉就是最好的證明。假設豐臣秀吉享有八十歲的天年，而德川家康於六十歲時死去，情況會變得如何呢?或許天下不會歸入德川家康之手，反而要高呼豐臣萬歲。然而，詭譎多變的命運助了德川氏一臂之力，陷豐臣氏於不利；不僅秀吉的死期來得太早，德川氏麾下則是名將智臣雲集。豐臣氏的嬖妾淀君擅權，不將六尺之孤託付給忠誠無二的（片桐）且元，反而寵信大野父子。更別提石田三成征伐關東之舉，反而加速豐臣氏自取滅亡。究竟是豐臣氏愚蠢，或者德川氏賢明?我認為成就德川氏三百年太平霸業的毋寧是命運使然，但要掌握這樣的命運並不容易。常人往往欠缺把握命運的智慧，而德川家康則是用其智力抓住了眼前的命運。

總之，人應當腳踏實地地勤奮努力，開拓自己的命運。如果失敗了，就看作是自己智慧不足而豁達待之；如果成功了，就看作是活用了自己的智慧，將成敗交託於命運即可。即使失敗，只要繼續勤奮不倦，好運總有一天會再次降臨。人生道路形形色色，有時善人也會被惡人所敗，但隨著日久月長，善惡之別清楚可見。因此，與其議論成敗的是非善惡，不如首先踏實努力，公平無私的上天必然會降福於人，使之能夠開拓自己的命運。

道理如同日月經天，始終昭然不昧，順從道理行事的人必享榮達，背棄道理謀事之人必走向滅亡。儘管一時的成敗在漫長的人生當中有如泡影，許多人卻對此憧憬不已，只計眼前的成敗，這樣下去則國家的發達與進步堪憂。人們必須擺脫如此淺薄的想法，在社會上過著有實質內容的生活。若能超然立於成敗之外，遵循道理，始終如一，成功與失敗就顯得無比渺小，進而過上更有價值的人生。更何況成功不過是完成人生職責之後所留下的糟粕，這又有什麼好介意的呢？

格言五則

天地鬼神之道，皆惡滿盈。謙虛沖損，可以免害。（《顏氏家訓・止足》）

（語譯）無論天地鬼神，都厭惡滿盈的事物；只有保持謙虛貶損，才能免於禍害。

天道先春後秋以成歲，為政先令後誅以成治。（《揚子法言・先知》之注解）

（語譯）天地的運行以春天為先，秋天為後，是為一年。為政以法為先，處罰為後，才能完成統治。

沾體塗足，暴其髮膚，盡其四肢之敏，以從事於田野。（《國語・齊語》）

（語譯）身體被汗水浸濕，腳沾滿泥土。盡可能地發揮手腳的能力，努力耕種。

農不如工，工不如商，刺繡文，不如倚市門。（《史記‧貨殖列傳》）

（語譯）（想要由貧轉富）務農不如做工，做工不如經商，比起靠刺繡謀生，不如在街上做買賣。

農事傷則饑之本也。女工害則寒之源也。（《劉子新論‧貴農》）

（語譯）農業受到妨害，是導致飢餓的起因；女工被耽誤，是導致寒苦的根源。

國家圖書館出版品預行編目 (CIP) 資料

論語與算盤：改變近代日本命運的商業聖經 / 澀澤榮一作 ; 陳心慧譯 . -- 初版 . -- 新北市 : 遠足文化 , 2019.06 -- (傳世 ; 7)
譯自 : 論語と算盤
ISBN 978-986-508-012-(平裝)
1. 論語 2. 研究考訂 3. 企業管理 4. 商業倫理

494 108008643

傳世 07

論語與算盤：改變近代日本命運的商業聖經

論語と算盤

作者—— 澀澤榮一
譯者—— 陳心慧
執行長—— 陳蕙慧
總編輯—— 郭昕詠
通路總監— 李逸文
資深通路
行銷—— 張元慧
編輯—— 徐昉驊、陳柔君
封面設計— 霧室
封面插畫— 黃正文
排版—— 簡單瑛設

出版者—— 遠足文化事業股份有限公司 (讀書共和國出版集團)
地址—— 231 新北市新店區民權路 108-2 號 9 樓
電話—— (02)2218-1417
傳真—— (02)2218-0727
電郵—— service@bookrep.com.tw
郵撥帳號— 19504465
客服專線— 0800-221-029
網址—— http://www.bookrep.com.tw
Facebook https://www.facebook.com/saikounippon/
法律顧問— 華洋法律事務所 蘇文生律師
印製—— 呈靖彩藝有限公司

初版一刷 西元 2019 年 6 月
初版二刷 西元 2023 年 12 月
Printed in Taiwan